TOURING-CLUB DE FRANCE

Manuel

de

l'Eau

L'EAU LIBRE. — De la montagne à la mer, l'eau vivifiante embellit la terre qu'elle féconde.

TOURING-CLUB DE FRANCE

MANUEL DE L'EAU

SUITE ET COMPLÉMENT DU

MANUEL DE L'ARBRE

POUR SERVIR A

L'ENSEIGNEMENT SYLVO-PASTORAL DANS LES ÉCOLES

PAR Onésime RECLUS

Membre du Comité des *Sites et Monuments* du Touring-Club de France

PARIS
TOURING-CLUB DE FRANCE
65, Avenue de la Grande-Armée, 65

Après le Manuel de l'Arbre, *le Manuel de l'Eau.*

La même idée sous deux formes différentes.

Paraphrases de cette parole d'un laconisme si saisissant : « Pas d'arbres, pas d'eau ! »

Or, l'eau est, avec le soleil, la source même de la vie. Quand l'eau disparaît, l'homme disparaît avec elle.

Ce principe essentiel de notre existence, il nous faut le conserver, le sauver à tout prix, et pour cela sauver nos arbres, les conserver sur nos montagnes d'abord, dans nos plaines ensuite.

L'exposé de cette vérité jusqu'ici méconnue, commencé dans le Manuel de l'Arbre, *se continue dans celui-ci.*

Œuvre d'une science profonde, où l'élévation de la pensée le dispute à l'originalité de la forme, le Manuel de l'Eau *instruit et passionne.*

De chaque chapitre, on peut tirer tout à la fois un haut enseignement, une leçon de style, un sujet de méditation.

Le maître et l'élève y trouveront également leur profit.

Aux hommes de bien, qui ont accueilli avec un si vif empressement le premier de ces travaux, devenu en leurs mains une arme de salut public, un moyen de combat contre des erreurs, des ignorances, des préjugés invétérés, nous demandons le même généreux accueil pour ce dernier.

A l'heure actuelle, cinquante mille volumes du Manuel de l'Arbre *ont été donnés aux écoles, nous en donnerons autant du* Manuel de l'Eau *et nous continuerons tant qu'il faudra cette œuvre de propagande.*

Nous sollicitons pour elle le concours de tous ceux qui veulent conserver à notre pays les sources profondes de sa prospérité et de sa beauté : l'Arbre et l'Eau.

Le Président du Touring-Club de France,

A. BALLIF.

MANUEL DE L'EAU

— Belle eau, d'où viens-tu ?
— Je viens du soleil, de la mer, du roc, de la forêt.
— Tu viens du brûlant soleil, toi, si fraîche et presque glacée !
Tu viens de l'océan sauvage, indomptable, amer, toi, si tranquille et sans amertume !
Tu viens du roc dur, inflexible, immobile, toi si fluide et qui vagabondes !
Tu viens de la forêt qui aime l'ombre, qui est l'ombre elle-même toi qui cours à tous les rayons du soleil !
Où vas-tu, belle eau ?
— Je vais à l'océan d'où le soleil me rappellera pour d'autres sources et vers d'autres rivières.

LIVRE Ier

LA PLUIE

1. LA MER, LES VENTS, LA PLUIE. — « L'ève passe....... » Rétablissons d'abord dans ses droits souverains le mot d'ève, dont usent encore presque tous nos vénérables patois d'oïl (1). Il est plus anciennement français qu'eau ; il n'a pas perdu la consonne à laquelle s'appuyait le radical, il représente mieux *ab, apa, aqua*. Nous l'avons d'ailleurs conservé dans « évier ». Il a pour lui le privilège de la naissance ; reconnaissons-lui la faculté de vivre.

« L'ève passe, l'imbécile attend qu'elle s'arrête ; mais, fluide, elle coule et coulera toujours » (2).

Oui, l'eau est fluide, et même fluidissime, si nous nous permettons ce superlatif à forme latine. Sa mobilité sans bornes se montre autour du trou soudain que fait la pierre tombée dans une onde calme. Le caillou disparaît aussitôt, mais la surface de l'ève se ride indéfiniment en cercles concentriques.

Le poëte latin se trompe ; des sources, des rivières, des fleuves, des lacs, des mers ont disparu ; d'autres disparaîtront.

Affaire de vents, de pluies, de forêts, de temps. Or, le temps n'est même pas une fraction de l'éternité.

Rien ne dure longtemps sur la Terre, l'une des plus petites planètes et des plus transitoires.

Prenons-la, cette planète, pour ce qu'elle est : pour rien ; mais regardons-la pieusement, avec des yeux d'amour, puisqu'elle est nous et que nous sommes elle.

Sur notre Terre, donc, la mer fait tout, la mer règle tout, parce que de la mer vient la pluie.

Toute eau courante vient de la pluie, la pluie

---

(1) Oïl, par opposition à oc : langue d'oïl, langue d'oc. Le français se divise en deux grands dialectes : au nord l'oïl, plus éloigné du latin ; au sud l'oc dont les divers patois, limousin, auvergnat, gascon, languedocien, provençal, etc., sont de plus en plus remplacés par la langue nationale.

(2)   *Rusticus expectat donec defluat amnis, at ille*
       Labitur et labetur in omne volubilis œvum.

(Horace).

obéit aux vents, les vents apportent aux continents les vapeurs de la mer, il s'ensuit que les fontaines, les ruisseaux, les rivières embellissent la nature suivant les caprices de l'air. — Nous les appelons des caprices, mais ce sont des volontés ordonnées par des lois.

Ici les souffles marins ne pénètrent jamais : pas de pluies, pas d'arbres, pas d'herbes, pas

2. CLIMATS PLUVIEUX, CLIMATS ANHYDRES. — Les volontés de l'air sont infinies, et par cela même les pluies infiniment variables, du trop au trop peu. Le trop dans certaines contrées voisines de mers chaudes. Sur maintes rives de l'Asie, de l'Afrique, de l'Amérique du Sud, les effluves de l'océan, amenés par la brise marine, s'envolent sur l'aile des vents vers les

LA MER.   (*Extrait du volume* " La Terre ", *col. Larousse.*)

De l'Océan, réservoir universel des eaux salées, naît la pluie d'eau douce qui s'abat sur les continents ; elle les érafle, elle les dilue, elle en emporte au loin les débris. C'est surtout les monts qu'elle détruit, mais elle les respecte quand la forêt les consolide.

d'animaux, point d'hommes, rien que l'inanimé, le vide et le silence. Là les vents amènent des nues et ces nues se résolvent en ondées qui évoquent le petit monde des herbes d'où naît le petit monde des insectes, puis le grand monde des animaux supérieurs, et, à leur tête, l'homme, qui se dit le roi de la création, et qui l'est en fait, sinon en droit, sur toute la rondeur de la « Boule ».

monts, vers les forêts littorales et, condensés en nuages, tombent en gouttes formidables, par des pluies de longue durée, lourde saison qui verse cinq, dix, vingt fois ce que l'année répand sur les pavés de Paris.

Au contraire, des courants froids longent tels ou tels rivages, même dans des régions chaudes ; de ces courants montent peu de vapeurs, peu de nuages s'en dégagent ; et rarement descend de ces nues la céleste rosée des pluies ; elles s'évaporent stérilement dans l'air tropical.

L'Europe occidentale doit à l'Atlantique le grand courant chaud, venu de l'Equateur et du Tropique, les vents tièdes, les pluies dont est faite la bénignité de son climat. Or, justement au bord de cette même mer, le long d'un courant froid, la colonie nommée l'Afrique allemande du Sud-Ouest est par faute d'ondées réparatrices l'un des plus misérables pays qui se puissent voir : on l'a surnommée la colonie des Chardons. Au nord des herbes sèches de ce désert montagneux, et toujours au vent de cet océan, l'Angola des Portugais souffre aussi des longues sérénités du ciel : tandis qu'à son septentrion, sous d'autres influences de terre et de mer, la Guinée et le Soudan ruissellent ; leur ciel est noir, la pluie descend en cascades parmi les éclairs et les tonnerres, les ruisseaux deviennent rivières, les rivières fleuves, et pendant des mois les fleuves vont à la mer comme une autre mer, à travers d'immenses forêts ténébreuses.

Dans l'Amérique du Sud, au long du Pacifique, urne plus vaste encore que celle de l'Atlantique, le Chili septentrional et le Pérou bordent un courant sans chaleur dont l'eau ne se vaporise guère. Ce qui s'en élève dans les airs s'y consume avant d'atteindre les monts aux flancs desquels il aurait pu se condenser en eau. Pourtant, ces monts s'aventurent au plus haut des cieux ; ils s'élancent jusqu'à 6.000 mètres, même près de 7.000, à la cime de l'Aconcagua. Ils auraient donc toute puissance pour changer les vapeurs océaniques en pluie, en névés (1), en glaciers, si l'Océan voisin s'évaporait à pleine cuve et si ses vapeurs ne se dissipaient en avant de la Cordillère des Andes.

Tout se tient dans l'ordre des choses, l'air, l'eau, la pierre, la mousse, l'arbre, l'homme. Faute d'èves amenées par l'air, ces Andes-là sont rocailleuses, nues, stériles, terribles. Pas une

(1) Les névés sont des amas de neige qui gèlent, dégèlent, durcissent et se transforment lentement en glace ; c'est d'eux que procèdent les glaciers.

font (1) n'y murmure, pas un flocon de neige ne s'y pose à des hauteurs où les Alpes déploient l'éclatante blancheur des névés teints en rose par les rayons du soleil couchant. En bas de la rangée farouche, cuite et recuite, le littoral chilien, puis péruvien, se conforme à la loi : « Ciel d'airain, sol d'airain ». C'est le désert dans toute l'horreur de son vide, de sa majesté muette, sans une forêt, sans un arbre, sans une source, sans un ruisseau, sans une lueur d'eau sous une roche, dans les quebradas (2) embrasées. Pour l'animer du bruit de villes qui viennent de naître, et qui vont mourir, il a fallu des métaux, des dépôts, des substances dont l'industrie s'empare. La sécheresse de l'air y est telle que sur mille kilomètres de rivages, plus que toute la longueur de la France, il ne jaillit qu'une font vive ; on n'y boit que de l'eau de mer distillée. Toute la vie s'y concentre dans les oasis de quelques torrents assez forts pour ne pas tarir entre les Andes et le Pacifique. De 1847 à 1877 : cité qui vit de la charité de ces rios (3), Payta n'a pas contemplé d'orage : trente ans sans pluie, à la rive de la plus vaste des mers !

A parcourir ce misérable pays, on voit que des rivières y coulaient, que des forêts y frémissaient, que des tribus y vivaient ; l'onde y a laissé des traces de son passage dans l'architecture et la sculpture des roches, la forêt dans des troncs enfouis, l'homme dans des ruines. Il y pleuvait donc jadis. Pourquoi n'y pleut-il plus ? Pour maintes raisons, que nous ne connaissons pas toutes, mais le plus redoutable des fléaux, le déboisement, en est certainement une.

Et précisément, au sud comme au nord de cette rive inhumaine, pôle de sécheresse, on s'avance vers deux pôles d'humidité. Orages, ondées, brumes, hargnes, crachins (4), pluie fine

(1) Font est le fons latin ; c'est le vrai, le vieux mot français dont fontaine n'est qu'un diminutif. On le trouve partout en France dans une foule de noms de lieux : Bellefont, Fontblanche, Font-Noire, Fontfroide, Fontgaillarde, Fontfrède, Fontsèche, Froidefont, etc.
(2) Mot espagnol : ravin, vallée rocheuse.
(3) Mot espagnol : ruisseau, rivière ; c'est notre ru, et le rieux, le riou des Méridionaux.
(4) Les marins nomment ainsi les pluies brusques et courtes, comme si le ciel crachait.

ou pluie drue, assombrissent toute l'année du Chili méridional ; à ce point qu'on n'y contemple pas souvent dans son intégrité l'admirable spectacle des dernières Andes, leurs selves (1), leurs fleuves à pleins bords, leurs lacs, les glaciers qui descendent jusqu'à la mer, devant les îles qui cachent la vue de l'océan libre. Au nord, sur le rivage de la Colombie, le rio Patia,

les ponts de Paris, il roule en moyenne 4.800 mètres cubes par seconde : plus que le Rhône et le Rhin réunis ; plus que le Nil immensément long.

3. LES DÉSERTS, LES STEPPES. — Le désert, incomparable en grandeur, commence précisément à l'orée d'une des deux mers essentielles

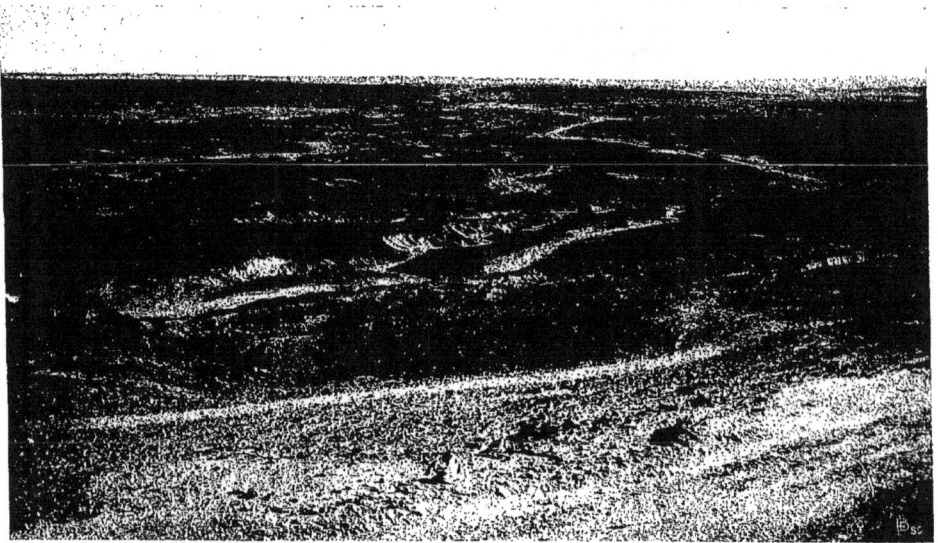

LE SAHARA.

(Extrait du volume " La Terre ", col. Larousse.)

Ce n'est pas la pluie qui désagrège les saharas, c'est l'absence de pluie. Faute d'humidité le climat y est excessif, les jours torrides, les nuits glacées ; les roches fendent, les monts s'écrasent ; et pas d'eau : donc pas d'herbes, pas d'arbres protecteurs, pas d'hommes.

rivière très courte, arrive en grand fleuve au Pacifique, et plus loin, l'Atrato ne craint aucun rival en abondance relative : long de 665 kilomètres seulement, 112 de moins que la Seine, en un bassin de trois millions d'hectares, donc inférieur d'un million à celui du fleuve sous

(1) Selve, ou encore sylve, c'est la forêt, du latin *sylva*. selve vaut mieux que sylve, comme étant un mot du vieux français qui se retrouve dans les villages appelés la Selve, Pleine-Selve, Pléneselve.

et finit assez près de l'autre. Il part des dunes de l'Atlantique, entre Sénégal et Maroc ; il traverse toute l'Afrique du Nord sous le nom de Sahara, aux deux côtés du Tropique du Cancer ; il franchit le Nil et meurt sur la Mer Rouge. Aussitôt, il renaît en Asie, à l'autre bord de cette chaudière tropicale ; il y couvre l'Arabie de sables infinis, et après l'Arabie, la Perse ; et après la Perse, le Turkestan, la Mongolie, le

OASIS DE TEBOULBOU (Tunisie).

Toutes les oasis se ressemblent : mêmes palmiers élégants où pendent les régimes de dattes ; mêmes arbres à fruits sous l'ombre diffuse des palmes ; mêmes carreaux de jardinage sous ces arbres ; mêmes rigoles où court l'eau |de la source faute de laquelle l'oasis n'existerait pas ; et tout autour, jusqu'aux limites du regard, la même désolation du Désert. Les oasis enchantent le voyageur ; mais, à vrai dire, leur charme vient surtout de leur contraste avec la « vaste » mélancolie du Sahara.

Gobi ou Chamo ; il ne s'arrête qu'à la « Terre des Herbes », à la sanglante Mandchourie, non loin des horizons de l'océan Pacifique. En tout, plus que le tiers du tour du monde. C'est là le morne empire que ne peuvent égayer les soleils éclatants de l'Afrique, de l'Egypte, de l'Arabie, de la Perse ; encore moins les neiges, les vents, les sables roulants des Turkestans et des plateaux mongols.

Là, pas d'eau, mais il y en eut ; pas de forêts, mais des sylves (1) y vibrèrent. Les lacs en ont disparu ; les rivières s'y sont taries, dont on voit encore les berges ; les fontaines y sont mortes et, avec elles, la vie joyeuse qui accompagnait leur ruisseau ; la bise n'y courbe plus que de rares arbustes sur la dune ; la dune y marche, elle y ensevelit les vallées, elle efface l'antique relief sous la houle de ses mamelons : là où il n'y a pas d'hommes conscients et vaillants, supérieurs aux moutons du pasteur, pour arrêter les sables dans leur éternel éparpillement, l'arène (2) incandescente avance toujours ; fauve ou grise, elle ne s'immobiliserait que si les vents oubliaient de souffler des quatre coins de l'espace.

Ce désert majeur, et tant d'autres, a vécu d'une vie qui fut peut-être prodigue. Dès l'eau partie, dès la forêt abattue, la mort s'y installa. Certainement la perte de la selve a beaucoup fait pour la perte de l'eau. Un coteau déboisé, c'est une source de moins ; même dans notre humide France, dépouiller une montagne, c'est tuer un torrent, c'est tuer un pays. S'imagine-t-on bien ce que vaut, plus exactement ce que ne vaut pas le sol, même le plus naturellement fertile, quand la pluie lui manque peu ou prou. Dans l'Australie, continent saharien sur les trois quarts de son étendue, l'enclos qui suffit à 120, même à 150 moutons sur le rivage humide de l'Est et du Sud-Est, n'en entretient qu'un seul, à surface égale, dans les déserts de l'intérieur ; encore ce mouton meurt-il souvent de soif, et, s'il résiste, il est plus maigre que le plus sec de ses cousins de la côte mouillée.

Que faudrait-il pour rendre la vie aux saharas morts ? De l'eau du ciel, et même peu d'eau, pourvu qu'elle ne tombât pas à contre-temps. Car 400 millimètres d'humidité par an suffisent à la fertilité d'une contrée ; 300 et, à la rigueur, 200, c'est assez pour qu'un pays s'élève à la dignité de *steppe* (1), de *savane* (2), pour qu'il entretienne des troupeaux, donc des hommes, des tribus, des nations plus ou moins itinérantes. Au-dessous de 200 millimètres annuels règne la solitude, hormis dans les oasis nés du hasard d'une fontaine ou du travail des puisatiers qui vont surprendre l'eau dans la profondeur. On assure qu'avec quinze jours de moins de pluie par an, Montpellier agoniserait dans un désert. Avec quinze jours de pluie supplémentaire, les « Grands Sablons » (3) auraient peut-être de grandes villes.

Malgré tout, il pleut toujours un peu dans le Sahara ; et le peu d'eau du ciel qui s'y égare entretient des sources ; ces sources évoquent des oasis, à la fois jardins et forêts clairsemés de palmiers-dattiers.

4. PAYS SOUSTRAITS AU VENT DE LA MER. — Quelles causes, astronomiques ou autres, font passer une contrée de l'état humide à l'état sec, ou inversement, nous l'ignorons. Nous savons seulement que le changement est la loi du monde, et cela suffit pour dominer toute autre philosophie de l'inconnaissable.

Mais nous n'ignorons pas les causes secondaires de la sécheresse de maintes régions de la Terre. La principale consiste évidemment dans l'interposition d'un écran entre la mer et l'inté-

---

(1) *Sylve*, en français officiel, *selve*, en vieux français, sont deux synonymes de forêts.

(2) *Arène* : ce mot, tiré du latin *arena*, veut dire sable. On avait cessé de l'employer dans ce sens, mais on commence à en user de nouveau dans sa véritable acception.

(1) On appelle steppes les pays où la culture étant difficile, la pâture lui est préférée.

(2) La savane est un steppe moins sec et plus fourni d'arbres que le steppe véritable.

(3) Nos ancêtres, qui n'avaient du Sahara qu'une idée confuse, croyaient qu'il était tout en sables ; ils l'appelaient Sablons, Grands Sablons, aussi bien que Sahara.

rieur. L'Ibérie nous en offre un déplorable exemple.

L'Ibérie, Espagne et Portugal, en cela semblable à l'Afrique, à l'Asie Mineure, à la Perse, à l'Asie Centrale, à l'énorme acropole du Tibet, est un plateau porté par de hautes montagnes et dominé par elles sur tout son pourtour. On dirait d'une mer séchée, ou, mieux, d'une série de lacs taris dont les berges subsistent encore. De quelque côté qu'ils se tournent, qu'ils regardent Paris, Rome, Fès ou New-York, de Vieille ou Nouvelle Castille, de Manche, d'Estrémadure ou d'Aragon, les Espagnols du Centre de l'Espagne essentielle, ne voient, au bout du regard, que des sierras, comme ils disent, ce qui signifie des montagnes en dent de scie, des chaînes dentelées. Dans la contrée que ces sierras (1) isolent de la mer, ils n'ont sous les yeux que des plaines à blé, des mamelons pelés, pas de prairies, point d'arbres : une Beauce encore plus sèche que la nôtre, avec des monts à l'horizon, témoins impassibles, dans la sérénité de leur azur, et baignés de l'air subtil, diaphane, qui est la beauté superbe de ces étendues.

Pourquoi tant d'aridité dans ces pays de Castille et Léon ? Avant tout parce que les sierras du pourtour n'y laissent pas arriver dans la plénitude de leur puissance les nuages marins qui portent la pluie dans leurs flancs.

Sur une route bien connue, celle de Paris à Madrid, quitter le versant du Nord, les heureuses Provinces Basques du versant septentrional des Pyrénées pour la Vieille Castille du versant méridional, c'est passer des prairies veloutées, des prés-bois, des forêts, des rivières ensorcelantes, aux campagnes nues, jaunâtres, grisâtres où les « rios » ne dérivent pas des fontaines claires, mais continuent pour un temps sur terre un déluge inattendu tombé du ciel, et que presque aussitôt le sol boit et le ciel éblouissant aspire.

Si l'on vient de l'Atlantique, même changement à vue : c'est d'abord le Portugal septentrional, l'heureuse province d'Entre Douro et

(1) Sierra, mot espagnol : chaîne de montagnes.

Minho où la nation lusitanienne naquit autour de Guimarâes; c'est « le pays des vingt mille fontaines », des vergers, des fleuves transparents, de l'abondant Tamega d'Amarante, tributaire de ce fleuve Douro qui vient de s'échapper d'un cagnon (1) fantastique; puis on franchit la sierra de Marâo, qui n'a que 1.422 mètres, et dès lors c'est le Traz-os-Montes, le plateau de froidure et de sécheresse continué à l'est par la non moins sèche et froide Castille.

Si l'on arrive de la Méditerranée, on traverse les splendides jardins de Valence, de Murcie, on se butte à des monts qui sont le rebord du Plateau Central, et, ces monts gravis, on voit se dérouler, vers l'occident, la campagne nue, grise, monotone, vide, la Manche où Don Quichotte a combattu les moulins à vent de Campo de Criptana : il ne pouvait certes s'y ruer sur les moulins à eau. Des rios de vingt, de trente lieues de long n'y sont que de vains fossés, ou des filets d'eau saumâtre. Pour rester dans le vrai, la superbe richesse des huertas (2) de Murcie et de Valence ne leur vient pas de la pluie, mais des canaux d'arrosage dérivés du Turia ou Guadalaviar, du Jucar et autres torrents descendus des monts dans ces « sérénissimes royaumes ».

A ces plateaux du centre de l'Espagne, deux beautés font défaut : l'ève et l'arbre.

Celui-ci, plus encore que celle-là : l'homme y a proscrit l'arbre, tandis qu'il n'a pu proscrire les sierras, et avec les sierras l'eau qui en découle. La montagne y est encore debout, haute de 2.000 à près de 2.500 mètres ; les torrents n'ont pas encore cessé de descendre sur le versant intérieur, quelque privé qu'il soit des neiges, des pluies que le versant extérieur s'est adjugées au passage. En deux mots juste, le paysan de ces campagnes dit pourquoi le feuillage lui est odieux : « arbre, oiseau ». Il entend par là que sans les branches il n'y aurait

(1) Cagnon, mot espagnol que beaucoup écrivent à tort cañon, avec une lettre que ne possède pas notre orthographe. Il répond à gorge profonde entre grands rochers à pic.

(2) Huerta, mot espagnol, du latin *hortus ;* on désigne ainsi les terres arrosées par des canaux et cultivées comme des jardins.

pas de nids, et sans les nids pas d'oiseaux pour piller les grains.

Il a donc arraché les forêts, ce paysan de Castille et d'Estrémadure : il ignore, comme tous les ruraux du monde, qu'en exterminant les selves on abolit la source, la rivière, et la luxuriance et la vie. Aussi, d'après le dicton d'Espagne Centrale, une fois les blés rentrés en ,grange, « l'alouette fait sa provision de grains pour traverser la Castille ». Il n'y a rien alors pour faire vivre les passagers ailés sur ces plateaux où l'homme a détruit le statut de la nature.

5. LE STATUT DE LA NATURE. — Le statut de la nature, impérieux comme tous les décrets, se lit ainsi : « Obéis ou meurs ! »

« J'ai décidé, dit-elle, que du moindre des lichens au chêne indéracinable, de la mousse invisible au sapin géant de Californie, toutes les plantes tireront de la roche inerte les sucs qui seront le sang de leur vie : ainsi, de ce qui semblait à jamais immobile, jailliront les feuilles, les fleurs et les fruits.

« J'ai décrété que de la vie inférieure des plantes naîtrait la vie supérieure des bestioles et des bêtes : si bien que de la plus méprisable des radicelles cramponnées à la pierre la chaîne des êtres arrive aux animaux qui bondissent.

« J'ai résolu d'élever l'un des moindres de ces animaux, l'homme, à la compréhension de quelques-unes de mes lois ; il parlera d'un bout du monde à l'autre bout avec la vitesse de la pensée ; il dominera la Terre et la Mer ; il montera dans les airs plus haut que le condor et il y voguera dans des aéroplanes conquérants de l'azur.

« Mais, ayant compris mes lois, il lui faudra les respecter sous peine de mort. Qu'il ne viole jamais la sainte harmonie que j'ai disposée entre les existences, de la roche à lui! Qu'il n'oublie jamais que la forêt unit la vie sourde, confuse, immobile des pierres à la vie mobile des animaux et qu'à la détruire, cette forêt, il se détruirait lui-même parce que, ce faisant, il abaisserait la montagne et transformerait en ennemie l'eau qui crée tout, qui peut tout, qui règle tout ! »

Or, l'homme ayant méprisé la selve, s'est attiré l'inimitié de l'eau. Haine partout visible, dans la maladie ou la mort des sources, l'appauvrissement des rivières, la croissante caducité des fleuves.

LIVRE II

LES SOURCES

1. DIVONNES ; SOURCES THERMALES. — Qu'est-ce qu'une source ?

Selon sa grandeur, une source est une gouttelette, une goutte, une eau, une riviérette jusque-là cachées sous terre et qui, soudain, montent au jour.

Nos préancêtres ne se préoccupèrent aucunement du pourquoi ni du comment des fontaines: elles étaient divines ; ils n'en demandaient pas davantage.

A nombre d'entre elles ils avaient donné le nom de Divonne, dont nous savons la valeur par un vers d'Ausone ; ce poète latin du IVᵉ siècle nous l'enseigne à propos d'une fontaine qui faisait l'orgueil de *Burdigala*, présentement Bordeaux: Elle a disparu depuis bien des siècles, sous les pierres d'un des quartiers de cette ville élégante.

« Divonne, dit ce poète, ton nom celtique veut dire : font consacrée aux Dieux. Salut, fontaine qui viens on ne sait d'où, eau sainte, aimable, éternelle, transparente, glauque, profonde, sonore, jamais vaseuse, ombragée! Salut, génie de la ville, breuvage salutaire ! Apone (1) n'est pas plus agréable à boire, ni la font de

(1) Apone, fontaine de la Haute-Italie, aux environs de Padoue, dans la plaine du Pô, cette source miraculeuse guérissait de toutes les maladies.

Nîmes (1) plus lumineusement pure, ni le Timave (2) plus plein d'eau marine ! »

D'« origine inconnue », et sans doute qu'Ausone s'en souciait fort peu.

Plus d'une de ces sources brillantes s'appelle encore Divonne. Deux valent qu'on les visite. L'une doit sa splendeur à l'étendue du Jura caverneux dont elle tire sa limpide abondance; très froide, elle jaillit, à raison de 600 litres par seconde, au bourg de Divonne, non loin du lac de Genève auquel elle envoie sa riviérette bleue. L'autre sort d'un gour (3) immobile, au pied d'un vaste roc calcaire, qui est le support d'un causse (4); elle se verse aussitôt dans le

(1) La fontaine de Nîmes est un beau gouffre bleu, un rond d'eau de 15 mètres de profondeur, à côté des ruines d'un temple de Diane, au pied d'une colline couronnée par la Tour Magne, qui est le débris d'un antique mausolée. Cette source peut ne verser silencieusement que 6 litres par seconde, mais les pluies drues d'un orage en font un torrent bruyant de plusieurs mètres cubes ; elle se conforme au climat excessif des Cévennes méridionales. Sa moyenne est de 120 litres.

(2) Le Timave jaillit par trois sources bleues qui puisent au réseau souterrain de torrents perdus dans les gouffres des Monts Illyriens. On évalue sa puissance à la moitié de celle de la fontaine de Vaucluse. Né à peine, il meurt dans l'Adriatique.

(3) Gour, mot très usité dans la plupart de nos provinces: il désigne à la fois les gouffres, les sources dont on ne voit pas le fond, les lieux profonds où la rivière est immobile et ceux où elle tournoie silencieusement.

(4) Causse, mot du patois d'oc : un causse est un plateau calcaire ou crayeux, généralement dénudé. Il s'oppose au mot ségala qui désigne les plateaux de granit, de gneiss où le blé ne réussit pas, mais seulement le seigle : d'où leur nom.

2

PONT DU GARD.

Les combles d'eau romaines allaient droit devant elles, sans siphons, par une pente régulière ; quand elles rencontraient une vallée, elles la franchissaient sur un aqueduc : tel, au-dessus du Gard ou Gardon, le fameux pont du Gard, qui pourvoyait *Nemausus*, notre Nîmes.

Lot, tout près du plus beau des ponts fortifiés du xive siècle : c'est la Divonne de Cahors.

Quel regret de ne pas connaître comment les premiers nomenclateurs de notre sol appelèrent les fontaines « exorbitantes » dont sort toute une rivière, telle que la Sorgue de Vaucluse et la Touvre d'Angoulême. Sans doute que les noms dont il les désignèrent exprimaient une stupeur épouvantée devant un miracle formidable. En tout cas, il semble bien que *Tovera* comme en français Touvre, est comme une sourde onomatopée, qui essaie de traduire, non pas le bruit, mais le silence d'un gouffre.

Leur consternation d'esprit et, au début, leur terreur furent plus grandes encore quand ils se virent devant les fontaines chaudes. Quels Dieux, quels Démons, quels Génies ont attiédi cette ève ? Et celle-ci qui brûle ! A leur degré d'ignorance, ils ne pouvaient qu'en appeler au Dieu inconnu. Que dire à Dax, au pays des majestueux platanes, devant la Nèhe, si pure, qui bouillonne à 64 degrés ? A Chaudesaigues, en contemplant, stupides, une onde chauffée à 81 degrés et demi ? Et tant d'autres!

Des inscriptions, des autels du temps gallo-romain nous apprennent que les sources thermales étaient consacrées à des Dieux, à des Génies topiques. — Ainsi Bagnères au Dieu Ilixon, dont le nom vit encore sous la forme à peine dissimulée de Luchon.

Bourbon-l'Archambault, Bourbon-Lancy, Bourbonne-les-Bains nous révèlent une même divinité thermale, Bormo ou Borvo. Bormo veut probablement dire, tout simplement : chaud, cette racine étant la même que *warm* (1) germain. Pourtant il semblerait que les primitifs voulurent plutôt imiter le bruissement de l'eau qui se tourmente avant de bouillir. Par un des hasards de l'histoire, le nom de ce Dieu devint celui d'une dynastie qui a régné sur une partie de l'Europe occidentale : les Bourbons commencèrent par être de petits seigneurs retranchés dans un château-fort qui dominait la font thermale de Bourbon-l'Archambault.

(1) Warm, mot allemand et anglais, signifie chaud.

Les préancêtres étant déjà disparus depuis longtemps, les Romains se superposèrent aux Celtes ; ils importèrent en France le culte de l'eau chaude. Ce peuple puissant cherchait dans les bains la santé, l'aisance du corps, le bonheur du loisir, la volupté de la détente. Il usait des thermes, comme nous, les modernes, nous usons du café, du casino ; plus sages que nous, ils s'y délassaient sur des lits où se promenaient en causant dans les fraîches galeries au lieu de s'asseoir devant l'apéritif homicide. La moindre ville de leur empire universel eut ses bains aussi bien que ses arènes et son aqueduc qui lui amenait par monts et par vaux, souvent de très loin, l'eau des grandes fontaines fraîches.

2. ORIGINE DES SOURCES : CE QU'ELLES DOIVENT A LA FORÊT. — Ce que les ancêtres, et après eux les anciens, ne savaient pas, nous le savons très bien. Les sources n'ont plus de secrets pour nous.

Nous ne disons plus comme eux : « De même qu'on ignore d'où vient la graine apportée par le vent, ainsi nous ignorons d'où vient l'eau de la source : c'est quelque Génie qui la conduit à l'urne de sa délivrance ». Pas plus que nous ne nous écrions : « O Nil, père de l'Égypte, quelle est ton origine? »

La nue crève, la pluie raie l'air et frappe le sol. De deux choses l'une : ou ses gouttes glissent jusqu'au ruisseau, de là jusqu'au torrent ; ou elles entrent sous terre. De celles qui coulent sous le soleil, il ne sort n'a rien de mystérieux. De celles qui pénètrent dans le sol on connaît maintenant le ténébreux voyage.

Elles filtrent dans la terre, elles s'insinuent entre les pierres, elles se coulent sous les sables, elles se laissent conduire où le veut la pesanteur. L'une passe à travers le tamis de l'humus ; l'autre s'immisce dans le crible des blocs calcaires ; une autre entre dans le gouffre d'un puits naturel.

Mais d'où vient que ne jase plus cette source qui, jadis, babilla joyeusement? sa ravine est pierreuse, ses coteaux cabossés ; pas un arbre n'y trace son ombre au soleil, pas une touffe, pas un buisson ; l'on ne voit même pas de brin d'herbe frissonner sur les versants.

Cela vient de ce que l'homme a profané le secret de cette retraite ; elle se cachait dans l'ombre des bois, comme timide et craintive ; sous l'eau jaune de la crue, ni l'encombrer des sables, des argiles triturées par la tempête. Les millions, les trillions de feuilles de la sylve arrêtaient trop opportunément dans leur chute les billions, les trillions des gouttes de l'averse ;

SOURCE DU JAUR.

Le Jaur sort, à Saint-Pons, d'une caverne où il s'est creusé des gours profonds ; cette fontaine étonne par la longueur, la multiplicité des corridors que son cours souterrain a forés dans la roche : exemple, entre mille autres, de la persévérance de l'eau.

l'automne la dissimulait sous les feuilles tombées des arbres et c'est invisiblement que son ruisseau coulait sous les branches.

Dans la forêt qui l'entourait, l'orage comprenait bien qu'il ne pouvait longtemps troubler cette indicible paix, ni noyer la fontaine bleue chaque feuille se chargeait de sa gouttelette et ne la laissait tomber qu'avec lenteur : aussi n'ayant reçu que vingt minutes d'ondée, la forêt pleurait pendant vingt heures.

Après avoir tamisé l'ouragan, les halliers le distillaient. Au-dessus du sol naturel, ils finis-

UN MONT DÉBOISÉ.

Le moyen le plus aisé d'éveiller et d'entretenir le noble souci du reboisement, c'est de montrer à tout venant la misère des monts déboisés. Qui ne les a pas vus, de ses yeux vus, n'en saurait concevoir « l'inconcevable » laideur. Qu'après ce spectacle répugnant, l'on ait la vue d'une montagne ou seulement d'un versant restauré par la forêt, on aura la sensation vive du mal que l'homme peut faire en outrageant la nature, comme du bien dont il est capable dès qu'il veut réparer sa faute.

saient par étendre une terre « végétale »,
faite, à la longue, de la pourriture des feuilles et
des aiguilles : des feuilles sous les arbres d'om-
brage caduc, chaque année dépouillés de leur
couronne ; des aiguilles, sous les pins, sapins,
épicéas, cèdres, mélèzes, dont les brindilles
s'épointent en un faisceau de petits dards
allongés. Ce terrain buvait les gouttelettes
enfin détachées des rameaux ; elles s'infiltraient ;
et de même qu'elles avaient mis des heures
à passer de l'arbre à la terre, elles employaient
des jours, des mois à couler obscurément du
pied de l'arbre au rond de la source. Ainsi,
par l'effet du temps, pluie et sécheresse se com-
pensaient dans le bassin de la fontaine ; la
goutte arrivait à la font quand d'autres gouttes,
filles d'autres nuées, suivaient déjà la même
route lente, tortueuse, pénible, étouffante. C'est
pourquoi la source semblait intarissable comme
la mer.

Elle a tari pourtant, et maints hameaux
de France s'appellent Belfont, Bellefont, Belle-
fontaine, qui ne trouvent plus d'eau qu'au fond
des puits. Pourquoi? Parce qu'on a déboisé
les coteaux qui s'inclinaient vers elle. Au lieu
de se disperser à l'infini sous terre comme antan,
les orages qui s'abattent sur le réseau des ravines
dont la fontaine recevait le tribut caché, se con-
centrent maintenant en quelques minutes, pour
un torrent formidable, pour un déluge. De plus
en plus, fidèles à leur nom, à leur devoir de déluge,
ces orages ont accru leur puissance. Moins ils
ont rencontré d'arbres pour rompre leur violence, moins ils se sont enfoncés sous eux dans
le terrain forestier, moins ils ont envoyé d'ève
dans le monde inférieur pour l'entretien de
« Divonne »; enfin ils ne lui ont plus rien distribué.

Ils se sont, ces torrents, soustraits tout entiers
à l'œuvre bienfaisante du dessous pour se vouer
passionnément à l'œuvre malveillante du dessus.
Auparavant, ils créaient; maintenant, ils détruisent, et de défaillance en défaillance la fontaine,
leur fille, est morte de consomption.

3. Le Déboisement; la diminution des fontaines. — Il ne faudrait pas reprocher au seul

déboisement la diminution ou la disparition
des sources. On doit en accuser aussi les lents
changements de climat, et plus encore la tendance de l'eau à creuser en dessous, jusqu'à
s'enfouir, s'il se peut, au plus profond du Globe.

Par suite du déroulement infini des choses,
les climats ne cessent de varier, partout et toujours. Que pour une cause ou pour une autre
le vent de mer dévie, ou s'il souffle moins fort
et moins souvent, la pluie annuelle décroît,
les ondées s'en vont ailleurs et il arrive qu'un
lieu jadis humide se transforme en un lieu sec.
Selon que vont et viennent les bises, les fontaines augmentent ou diminuent ou tarissent.
Mainte Kallirhoë (1) ne coule plus, que les
anciens célèbrent.

La nature et l'homme se partagent ainsi la
culpabilité ; la nature par impassibilité : que
lui importe? elle est seule, elle est tout; l'homme
par son étourderie, sa cupidité, et parfois sa
méchanceté, puisqu'il supprime les eaux dans
des contrées où ne pas boire, c'est mourir.

Bien terribles sont les « pays de la soif »,
surtout ceux que nous avons conquis dans le
Désert des Déserts ! Deux, trois, même quatre
journées de marche, au pas allongé des chameaux,
y séparent souvent le puits où l'on a bu chichement de celui où l'on boira plus chichement
encore. Et quelle ève (si elle n'est point
tarie) ? Tiède, chaude, polluée, pourrie, fétide,
amère, magnésienne ! Heureux pourtant de s'en
désaltérer comme à la source de la vie et de la
vénérer plus qu'en France la plus diaphane
Divonne.

Ce que sachant, pour avoir eux-mêmes passionnément couru vers les eaux du réconfort,
les Sahariens, tantôt une tribu, tantôt l'autre,
ont comblé les puits du Désert pour le supplice
et la mort de l'ennemi.

Si donc l'extirpation des selves n'a pas à elle
seule et partout amené la mort de la fontaine,
elle a grande part à ce désastre qui commence
à devenir universel.

Histoire, chroniques, légendes, chartes, cartu-

(1) Kallirhoë : ce mot grec veut dire beau courant, belle
fontaine.

laires, tout nous enseigne, sans doute possible, qu'autrefois la France septentrionale voyait peu le soleil, tant les selves y poussaient dru. La forêt *carnute* (1) de nos aïeux s'en allait presque sans clairières à la rencontre de la jamais finissante Ardenne, que des halliers unissaient vers l'est à la non moins incommensurable Hercynie (2), et vers le nord aux bois mélancoliques où sifflent les bises de la mer.

Ce grand temple de la nature s'est abattu, ou, plutôt, nos pères ont renversé cet auguste sanctuaire dont il ne reste plus, çà et là, que des voûtes. Or, partout où les arbres ont cessé d'ombrager le vallon natal des fontaines, sur les plateaux limoneux de la Picardie, de la Champagne, de la Normandie, de l'Ile-de-France, de l'Orléanais, ainsi que dans nos autres pays de sol lâche, perméable, aisément fouillable, les rivières et rivierettes ont reporté plus bas leurs sources premières, ce qu'on nomme chez les Champenois leurs petits sommes, c'est-à-dire leurs têtes.

Les barrages infinitésimaux, mais innombrables, opposés par la forêt au trop prompt départ des flots d'orage disparaissent avec cette forêt même. Plus d'aiguilles, de brindilles, de feuilles, de souches, de branches tombées pour les arrêter ; plus d'humus spongieux absorbant jusqu'à deux fois et demi son poids d'eau : alors, rien ou trop peu n'y reste des seaux brusquement renversés par la pluie. Pour qu'assez de gouttes enfouies sous terre arrivent à composer une fontaine, il faut donc beaucoup plus d'espace en sol nu qu'en sol couvert. L'ancienne source répondait, par exemple, à l'imbibition de dix hectares ; la nouvelle en exigera cinquante, cent, elle jaillira plus bas qu'autrefois dans sa *coulière* (3); là seulement où elle aura la force de jaillir, à deux, à cinq, à dix kilomètres, ou

(1) Le pays carnute entourait la ville que nous appelons maintenant Chartres.
(2) De l'immense Hercynie des Germains, il reste encore de vastes tronçons dont un, le Harz, reproduit en l'abrégeant le nom antique.
(3) Coulière : vieux mot français qui désigne le fond le plus bas de la vallée, là où *coule* le ruisseau, la rivière ; c'est le synonyme de l'expression « fil d'eau », et de l'étrange barbarisme « thalweg », mot allemand qu'il faut proscrire du français.

plus de son ancienne apparition. Pour ne nommer que deux rivières très connues, dont un fleuve international, la descente de leur jet initial a notablement raccourci l'Escaut et le Loir.

La source de l'Escaut a derrière elle plus de 15.000 hectares, 30 kilomètres de coulière et tout un réseau de « vallées sèches ». On appelle ainsi des ravins tellement abandonnés par l'antique ru qu'on n'y voit jamais d'eau courante, hors en grandes pluies ou aux grandes fontes de neige : la France abonde en vallées de ce genre, fonds anhydres (1). D'ailleurs il n'a pas suffi du déboisement pour les vider ; il a fallu pour ce desséchement total que la roche du lit fût fissurée, qu'elle bût tout flot pérenne (2) ou tout flot d'occasion.

La fontaine du fleuve franco-belge n'émet pas la riviérette qu'on pourrait espérer des 15.000 hectares de son amont. Et rarement y a-t-il une goutte d'eau dans le faux ruisseau de 30 kilomètres, le Canal des Torrents, qui lui arrive à cette source.

Canal des Torrents! Aussitôt la folle du logis s'échappe ; elle voit des monts, des rocs, des « èves brisées », elle frissonne au vent des cascades. Or, de la première lueur de l'Escaut, au faîte, entre cet Escaut et l'Oise, il n'y a que platitudes nues, humbles collines, surfaces gauches, et pas une goutte en temps normal dans le fossé soi-disant torrentiel.

Le Loir a perdu 15 kilomètres de son cours supérieur par la dessiccation superficielle et, dans le pays de ses origines, il n'est pas le plus mémorable exemple de rivière abolie. La Beauce étant descendue du rang de Forêt Carnute à celui de plaine aussi nue qu'aucune autre, la déplorable Conie y rassemble 357 litres seulement par seconde en un bassin de 80.000 hectares ; ses rus composants sont des fossés arides, même à leurs commencements dans la selve d'Orléans. Ce n'est pas assez qu'il pleuve dans les grands bois, encore faut-il que la terre n'avale pas aussitôt la pluie ; l'eau, que la Conie aurait le

(1) Anhydre, mot d'origine grecque : sans eau.
(2) Pérenne, mot d'origine latine : continuel, durable, éternel.

GORGES DE LA VÉZÈRE.

La Vézère a de rares mérites : elle serpente dans les terrains les plus variés, du gneiss à la craie ; elle entoure d'un de ses replis Uzerche, la vieille ville peut-
être la plus pittoresque de France ; elle passe devant les grottes préhistoriques les plus célèbres qu'on connaisse. La vue d'une de ses gorges montre dès le premier
coup d'œil avec quelle puissance l'eau lime la roche et la creuse indéfiniment, surtout lorsqu'elle est comme la Vézère un rapide presque continuel.

droit de réclamer à son ciel, se blottit sous le calcaire de Beauce, à des profondeurs froides : tels puits beaucerons ne la recueillent qu'à 200, 250, 300 pieds de leur margelle arrondie.

et « touvres » n'embellissent que les contrées de roches fendues, de sol incompact.

Il n'en peut être autrement : pour que l'ève arrive au jour, il faut qu'elle soit entrée dans la

SOURCE DU LOIRET

L'eau qui sort de cette charmante fontaine passe pour être l'eau du Loiret, mais c'est en réalité celle de la Loire, engloutie en amont par des fissures. Cette source est ce qu'on nomme maintenant une résurgence, une réapparition de rivière, de ruisseau.

4. SUINTEMENTS PLUTÔT QUE SOURCES : LA VIENNE. — Les rivières, dit-on, sont les filles des fontaines. Pas toujours. Des courants puissants n'ont point de vraies sources pour origine. Les jets clairs, les fonts murmurantes, les « vauclusettes » et « vaucluses », les « touvrettes »

nuit, que le Ciel l'ait envoyée à la Terre, et que celle-ci l'ait accueillie dans son vaste sein.

Mais comment l'eau descendrait-elle dans le sol si par la continuité sans lacune des roches de surface le sol lui-même lui défend d'y descendre? Voici des gneiss, des granits, des schistes cristallins, des porphyres affleurants, dure écorce qui brave les morsures comme les caresses de l'onde ; la gouttelette ne sait comment entrer ; elle n'entre pas ; elle glisse, elle fuit. Rien pour la source et tout pour le torrent !

Comment donc naît et grandit sans sources réelles mainte belle rivière aux flots vivants ?

Pourquoi, par exemple, le Poitou reçoit-il incessamment du Limousin le rapide courant de la Vienne ?

Le Limousin se compose de gneiss, de micaschistes, de granits et autres pierres de la plus vieille antiquité du monde. Il dresse ses dômes entre 500 et près de 1.000 mètres. Veuf des immenses forêts d'autrefois, il a conservé ses pelouses sur des pentes qui n'ont rien de vertigineux ; la dureté de ses rochers l'a préservé de la ruine à laquelle n'échappent jamais les monts de substance tendre abandonnés par la selve du temps jadis. Il se maintient « envers et contre tous ».

Séparé de l'Atlantique par 130 kilomètres seulement de distance à travers Angoumois et Saintonge, le Limousin en sollicite les nues et les nues répondent à son appel. Il pleut beaucoup sur cette coupole occidentale de tant belle France et les brouillards de la soirée, de la nuit, du matin y déposent leur froide substance ; alors, sans déchirement de nuage, les gazons se mouillent et dégouttent.

Chaque brin d'herbe retient, puis laisse échapper sa perle fluide ; aux mousses des rochers filtrent d'autres perles. Ainsi que la forêt pleure de ses arbres, de même le gazon pleure sur son fond de ravine ; de touffe en touffe, les gouttelettes s'assemblent en ruisselets bus par la prairie d'en bas, qui en devient prairie mouillée et souvent étang, petit lac.

De l'éponge humide des prés, de l'étang mélancolique entre ses roseaux agités du vent, s'exprime un courant qui s'ouvre à d'autres courants animés comme lui. La rivière est née, soit transparente, soit opaque : claire quand l'herbe l'a distillée sur des pierres très dures qui n'abandonnent rien d'elles-mêmes à l'ève qui les

froisse ; rougeâtre ou noirâtre quand elle doit sa vie à des roches que l'orage met en déliquescence : tels ruisseaux de certains schistes sont plus noirs que la nuit. Non loin d'un flot sombre, rayé de particules, passe un flot clair comme le jour, mais facile à ternir. Un rien trouble ici la pureté des ondes : une rivière de cristal sort des monts, fraîche comme l'aurore : elle coule sur des ardoises, elle noircit ; sur des roches permiennes, elle rougit ; sur des argiles, elle blanchit ou jaunit.

La Vienne limousine n'a donc pas de sources ; elle ne vit que du suintement des gazons de haute altitude ; mais elle en vit largement, comme ses maîtres affluents purement limousins, l'extraordinairement sinueuse Maude, et le Taurion glissant rapidement sur des dalles. Sans doute, la longueur de l'été, l'aridité de septembre et d'octobre la fatiguent ; alors elle s'exténue, mais elle ne meurt pas. Il ne pleut plus du tout dans sa montagne, mais la brume du soir, la rosée du matin mouillent toujours ses herbes et les menus rameaux de ses brandes. Il suffit : on dit justement de ce Limousin sans fontaines qu'« il ne périra jamais par la sécheresse ».

La Vienne se transmet de Limousin en Poitou, rouge plutôt que noire ; la Vézère, seconde rivière de ces monts, passe en Périgord noire plutôt que rouge ; la Corrèze est pure. Et combien belles toutes trois dans leurs étroites prairies, entre leurs roches moussues ! Plus bas la Vienne, chez les Poitevins, la Vézère chez les Périgourdins se purifient aux fontaines de l'oolithe et de la craie.

5. Pertes des eaux, naissances des rivières. Loire et Loiret. — Les sources sont grandes, médiocres, menues, selon qu'elles continuent des rivières, des ruisseaux, des ruisselets plus ou moins épanouis dans l'ombre.

Pas deux d'entre elles qui se ressemblent absolument. Bouillants, bouillons, bouillidours, douix, doux, dhuys, sorgues, gours, dormants, abîmes, de quelque nom qu'on les appelle, les sources varient infiniment d'aspect. Les bouillants et bouillidours pourraient-ils être pareils aux gours, aux dormants?

Le Loiret est célèbre parce qu'il avoisine presque Paris et qu'il a des beautés charmantes. Le Bouillon et l'Abîme, ses deux origines, nous montrent le contraste de ces sortes de fontaines. Surtout ils nous enseignent comment une rivière visible, née soudain, continue une rivière invisible.

A son entrée dans l'Orléanais, la Loire, qui s'est unie à son grand frère l'Allier, est un fleuve tantôt riche, fastueux et magnifique, tantôt misérable, suivant l'occurrence des averses et des soleils ; il se peut qu'elle entraîne 7.000 mètres cubes par seconde entre les levées qui ont la prétention de protéger sa campagne; il se peut qu'elle en roule à peine une trentaine..

De ces trente, vingt lui échappent en amont d'Orléans, à ce point qu'on la voit réduite à 10.000 litres dans un lit de 300 à 400 mètres d'ampleur. Elle a pourtant traversé déjà la moitié de la France; mais d'outrageux déboisements ont pelé sa montagne, déséquilibré son climat, diminué ses pluies, accru ses sécheresses : devenue neurasthénique, elle va du délire à la torpeur, puis de la torpeur à la folie furieuse.

Le calcaire beauceron chargé de la contenir aux approches d'Orléans, n'observe pas son devoir : il la laisse échapper en dessous par des trous, des fissures. Les deux tiers du fleuve descendent ainsi dans une Loire souterraine, et cette Loire-là remonte au jour par le Loiret, d'abord au Bouillon, puis à l'Abîme.

L'onde cristalline épure, embellit tout ce qu'elle mire. Elle ajoute son charme aux sites gracieux des deux fontaines initiales du Loiret, dans la banlieue d'Orléans, au parc du château de Saint-Cyr-en-Val. Le Bouillon bout aimablement ; c'est une rondeur d'eau ; il ne bruit pas, il murmure. L'Abîme, d'un bleu sombre, n'a malgré son nom sinistre que quelques mètres de creux ; mais pour qu'une fontaine soit traitée de gouffre par le populaire, il suffit qu'on n'en voie pas le sable ou les cailloux.

De ces deux fonts si vantées, il ne sort que 700 litres par seconde. Pourtant le Loiret verse en Loire, suivant que les saisons en décident, de 10 à 20 mètres cubes ou plus sans qu'il lui arrive d'affluent notable : cela grâce aux sources de fond.

6. LES SOURCES DE FOND. — Du fait de la pesanteur, l'eau cherche toujours le plus bas lieu possible. Il n'y a donc pas de raisons pour que les fontaines se manifestent toutes au-dessus de la rivière ; elles peuvent très bien jaillir au-dessous, dans le lit même, soit latéralement d'une berge ou de l'autre, soit verticalement par des puits naturels qui sont en réalité des puits artésiens où l'ève, arrivée au bout d'un siphon, entreprend de regagner son niveau.

Tel, au plus creux du lac d'Annecy, sous le poids de 81 mètres de cristal bleu, le Boubioz, source énorme. Telle encore, à 30 mètres de profondeur, sous la pression de l'étang de Thau, la Bisse ou Vise, si puissante parfois que sa brusque arrivée dans la coupe du lac de Cette se devine aux frémissements de la surface.

Pourquoi même les courants souterrains aboutiraient-ils tous à des sources? Sans doute le lit de la rivière est le lieu infime de la vallée. Mais qui peut donc contraindre des flots hypogés (1) à monter pour mendier les regards de l'homme s'ils préfèrent rester cachés à toujours ; si les routes de l'intérieur les mènent obstinément plus bas; si, les assises persistant à pencher vers l'intérieur, aucune fissure ne permet au courant de remonter; bref, si le destin leur assigne la mort dans les ténèbres, sous le faix de la Mer ou dans les inconnus de la Terre ?

Les sources de fond transforment nombre de cours d'eau. Beaucoup de nos plus gracieuses rivières leur doivent leur fraîcheur, leur diaphanéité, leur constance. Dans maintes contrées le sol est comme un vase fêlé, plus encore, comme un crible ; il ne peut mener ses ruisseaux jusqu'à la vallée centrale. Alors le ru, d'abord visible en haut du vallon, se fait invisible. Il coule en dessous, d'autant plus puissant, d'autant plus pérenne que le soleil

(1) Hypogé : mot grec, devenu récemment français, qui répond exactement à souterrain, à caverneux.

ne l'évapore point, que les prairies ne s'en emparent pas pour le suc de leurs gazons, que la sève des arbres ne le confisque pas. Et c'est par le dessous qu'il arrive dans sa rivière.

Si les rivières parlaient, plus d'une dirait : « Mes grands tributaires ne sont pas ceux dont on répète le nom : ni la rivière sombre qui passe devant la ville féodale, ni la rivière pâle que se disputent les petites usines, ni la rivière dont le confluent rougit ma blancheur. Devant les roches cassées, au pied des coteaux torrides, à l'orée des plateaux sans rus, mes maîtres affluents sont les fontaines obscures qui troublent mes eaux tièdes par leur souterraine fraîcheur. »

La Dronne, par exemple, pourrait dire : « Je suis transfigurée : j'étais laide en Limousin ; en Périgord, je suis belle ! Là-haut, là-bas, point loin d'ici, j'étais noire au creux enfoncé des gorges, et l'ombre de ma prison me faisait plus noire encore. J'allais et venais, entre mes schistes cristallins, rives si proches que souvent le loup aurait franchi ma prairie d'un saut. Dès l'été venu, l'eau que j'assemblais derrière mes écluses ne suffisait plus à mes moulins, tout petits et qui pourtant barraient à eux seuls la vallée. Ainsi j'arrivais, dans une combe (1) profonde, ombragée, superbe, à ma cascade du Chalard. Alors j'ai passé dans les calcaires, ensuite dans les craies, et sans qu'aucun affluent « terrestre » m'ait débarbouillée, me voici propre, avenante, jolie, délicieuse, fraîche et franche, inépuisable. Je ne suis plus un torrent d'eau funèbre ; je suis une grande source qui coule, une fraîcheur qui va, parce que des flots incontaminés me sont venus du monde qui ne se voit qu'à des lumières empruntées par l'homme aux forces qu'il a décomposées. L'Isle, ma sœur, que je rencontre à côté de Coutras, me ressemble en ceci, mais elle est trop limousine en arrivant dans le pays de Périgueux pour que les magnifiques fontaines du Périgord, celles du dessous comme celles du dessus, lui fassent don d'une transparence égale à la mienne. »

Ont droit à parler de la sorte le Loing et le Loir, près de Paris, et cent autres : à vrai dire,

(1) Combe : nom que portent les ravins dans le Midi.

tous les courants qui traversent des contrées où l'eau s'infiltre et se réserve sous terre au profit de fontaines dont beaucoup n'atteignent leur rivière que dans la rivière elle-même.

7. LA TOUVRE. — Les deux premières fontaines du Loiret, le Bouillon et l'Abîme, s'opposent par leur nom, par leur aspect, comme le Bouillant et le Dormant de la Touvre. Celle-ci sort de quatre sources au lieu de deux, et dès lors elle est complète.

La Touvre, flot splendide, continue après de longues lacunes la Tardoire et le Bandiat, deux torrents-rivières qui naissent en Limousin et meurent en Angoumois. Le Limousin leur donne ce qu'il peut leur donner, la brande mouillée, la prairie noyée, les étangs et, rapide à la dévalée du mont, l'eau brune qui tourne au pied des promontoires du micaschiste et du granit. Par ces roches, vieilles entre les plus vieilles, la froide province termine à l'ouest notre Massif Central, grand noyau résistant de la France.

Le Limousin fini, l'Angoumois commence, qui s'efforce en vain d'assurer la continuité du Bandiat et de la Tardoire ; sa substance est trop incohérente ; il avalerait, comme on dit, la mer ; en tous cas, il boit les deux rivières, au pays de la Rochefoucauld. Il ne les hume pas d'une seule gorgée ; elles disparaissent de fêlure à fissure, de fente à trou, sans qu'on s'en aperçoive autrement qu'à la diminution graduelle du flot, et peut-être çà et là à un remous, à quelque bruit sourd. Ces pertes ne valent pas d'être visitées. Enfin, plus une goutte, sinon quand les pluies du pays de Limoges précipitent des fleuves vers le pays d'Angoulême : alors Tardoire et Bandiat unissent les eaux de crue échappées au soutirage et s'en vont de concert jusqu'à la Charente.

La vie des deux courants continue, puis se mêle sous la roche, dans le dédale des cavernes. Dans leurs « fosses », aux lieux les plus bas, les arbres des selves du Bois-Blanc et de la Braconne plongent peut-être leurs plus profondes radicelles jusqu'à ces eaux ténébreuses, et quand les flots de la crue s'élèvent sous les voûtes, les patriarches de la forêt sentent la fraîcheur monter jusqu'à leur énorme souche.

A deux lieues à l'orient d'Angoulême, la Touvre sort, apparition triomphale : au lieu des deux étroits vallons secs du Bandiat et de la Tardoire, c'est la vallée ample, joyeuse, lumineuse, arrosée, animée ; au lieu de deux rivières obscures, noires sur les cailloux qu'elles ont noircis, c'est l'onde claire, vaillante, puissante, éternellement épanchée.

Touvre, nom sourd, et, en vérité, cette rivière gaie commence solennellement, voire lugubrement, dans un très court et très étroit bout-du-monde, entre de hauts arbres, au pli d'une rude colline couronnée par les ruines indistinctes d'un château du temps féodal.

Là, le Dormant dort, d'une eau morte, glauque, assombrie, sinistre. Insondable, disait-on, il a 22 à 23 mètres de gouffre. En avant de lui, dans le même lit déjà dégagé de l'étreinte du coteau, le Bouillant bout ; à lui seul il émet beaucoup plus d'onde que le Dormant et que la seconde Touvre, née du concours de la « Petite Font de Lussac » (qui est fort grande, et bouillonnante elle aussi) et de la Lèche, qui est charmante.

Ses deux branches immédiatement réunies, la Touvre est un admirable courant. Pendant un tiers de l'année, elle tombe des écluses de ses moulins, de ses papeteries, de sa fonderie de canons de Ruelle avec une masse de 4.000 à 8.000 litres par seconde ; de 8.000 à 12.000 pendant un autre tiers, de 12.000 à 18.000 pendant le troisième. Quand gonflent démesurément la Tardoire et le Bandiat, elle ne s'émeut que jusqu'à 45 mètres cubes, retenue qu'elle est dans des siphons inconnus par les rochers, les gours, les voûtes plongeantes, les mille obstacles qui retardent l'ève dans le labyrinthe pierreux de l'au-dessous. Tout ce qu'elle fait alors, c'est de recouvrir en lac allongé son ample prairie. Elle s'unit, pure entre les pures, à la translucide Charente, au pied de la hautaine Angoulême, acropole taillée sur trois côtés qui ne tient que par un isthme au reste de l'Angoumois.

8. VAUCLUSE. — Gracieuse la Touvre, dont les riverains peuvent dire : « Et moi aussi, je suis né en Arcadie ! » ; tragique la naissance de la Sorgue.

La fontaine de Vaucluse est tantôt un bouillant tumultueux, tantôt un dormant enténébré.

Au bout d'une campagne qui est un jardin vivifié par une rivière verte ombragée de puissants platanes, on entre dans le val d'où cette rivière sort. Presque aussitôt on se butte à un rocher de 200 mètres de haut, escarpement gris, bloc farouche. C'est la fin du monde, c'est la vallée fermée, c'est Vaucluse.

Au pied de ce roc, même quelque peu en dessous, l'eau d'un puits naturel de 54 mètres de profondeur monte ou descend de 24 mètres environ, selon que s'élèvent ou s'abaissent des torrents soustraits au ruissellement de surface par l'avidité des gouffres.

Au grand puits du roc aboutissent, suppose-t-on, 140.000 hectares de monts, de plateaux fissurés. De la petite chaîne de Lure et Ventoux au nord, à la chaîne du Lubéron au sud, la terre est inconsistante ; elle boit ses eaux à des avens sans nombre : tel Jean-Nouveau, abîme de 178 mètres dont 163 à pic.

Lorsque la pluie est drue, continue, les flots engloutis par les avens s'élèvent dans les cavernes, parfois jusqu'aux voûtes des salles ; les torrents ne peuvent s'étendre en largeur dans les étroits couloirs ; ils croissent en hauteur ; les antres s'emplissent derrière les roches plongeantes. Dans le chaos inextricable, de confluents en confluents invisibles, s'organise la Sorgue ; elle jaillit à la gueule du puits de Vaucluse avec une puissance pouvant atteindre 150 mètres cubes par seconde et tombe aussitôt en cascade. Alors c'est un bouillant démesuré qui s'écrase avec un bruit de tonnerre.

Mais quand l'été, l'automne ont longtemps pesé sur la sèche Provence, le « bout-du-monde » n'entend plus gronder la cataracte du puits : les torrents intérieurs, à jamais cachés, ont diminué ; plusieurs ont tari ; l'eau a cessé d'arriver à la margelle du gouffre ; elle a descendu peu à peu jusqu'à 75 pieds environ au-dessous du niveau qu'elle est capable d'atteindre. En même temps l'onde a reculé de plus en plus sous la roche; arrivée au plus bas, c'est un petit lac en sous-voûte. Un lac, c'est beaucoup trop dire; extérieur de son puits, elle s'échappe par les fissures de la roche. Au plus bas de sa faiblesse, elle est trente-trois à trente-quatre fois moindre qu'au plus haut de sa force. 13 mètres cubes à la seconde, voilà son volume le plus ordinaire;

SOURCE DU LISON.

Des torrents issus des sapinières se précipitent dans des avens, d'autres sont aspirés par des fissures ; ces torrents devenus souterrains s'unissent; leur rivière va de corridor en corridor, puis elle dort dans un lac de caverne, et de cette caverne saute le Lison.

on est devant un dormant plus que sombre, sinistre; plus que sinistre, terrible; devant un gour de 30 mètres de profondeur d'eau jusqu'à l'arrivée du fleuve souterrain dans l'abîme où le jour luit enfin, d'abord bien obscurément pour lui.

Quand la Sorgue n'atteint plus le rebord 17, voilà son module; 4.500 litres, c'est son minimum; le maximum oscille autour de 150.000. Sous un climat beaucoup plus brusque et bien plus sec que celui des 100.000 hectares inclinés vers la Touvre, elle est aussi plus extrême que la rivière de la banlieue d'Angoulême.

9. Autres touvres et sorgues. — Des « touvres » aux « touvrettes », des « sorgues » aux « sorguettes », le jet des fontaines diminue ; mais elles se manifestent toujours soit par un dormant, un gour, une immobile ève bleue insondable d'après le renom : soit par un bouillant, un bouillidour, c'est-à-dire une eau qui bouillonne en joyeuse expansion ; soit par une onde qui soulève le sable ; soit enfin par une cascade à la gueule d'un antre.

Parmi les fontaines inférieures à Vaucluse et à Touvre, il en est de très puissantes, plusieurs dans des sites qui le disputent en grandeur à celui de la plus abondante des fontaines.

Font-l'Évêque, dite aussi Sorps, ce qui répond exactement à sorgue, à source, se prépare dans les entrailles du Plan de Canjuers, haut plateau provençal, causse couturé d'avens. Elle sort « royalement » du rocher, en rivière transparente, de 3.500 litres par seconde, jamais moins de 2.500, de 2.000, et s'anéantit presque aussitôt dans la rivière du premier cagnon d'Europe, dans le Verdon, près des débris d'un pont romain.

Autre Sorgue, la Sorgue du Larzac : elle se forme dans le noir du noir, au fond des puits naturels de ce plus vaste de nos grands causses ; elle blanchit lividement à la lueur entrée par l'effrayant aven (1) du Mas Raynal et fuit du bloc pierreux, au pied d'un rocher de 120 mètres, en courant bruyant de 2.500 litres par seconde ; eau « divine », elle s'unit au Dourdou méridional, torrent permien qui ensanglante le Tarn.

La Vis, aussi puissante que la Sorgue, sa voisine, s'échappe en cascade d'une caverne de ce même Larzac, au fond d'un cagnon. Elle court entre des rives de marbre, merveilleusement solitaire, presque toujours en ratchs (2), rarement en gours, et se verse dans l'Hérault, dont c'est la véritable origine.

Les Gillardes, épanchements très froids, tiennent leur ève glaciale de la neige qui comble pres-

(1) Aven : mot cévenol, aujourd'hui communément appliqué aux abîmes qui creusent le sol.
(2) Ratch, mot d'origine méridionale, accepté par les géographes : c'est un synonyme de rapide.

que jusqu'à la gueule, en hiver, les chouruns (1) ou avens du Dévoluy, profonds plus que tous autres. En Provence, en Languedoc, en Rouergue, en Quercy, en Franche-Comté, en Bourgogne, nombre de gouffres se sont trouvés descendre à plus de 100 mètres (on disait 200, 500, et tel passait pour insondable). Quelques-uns atteignent 150, très peu s'affalent à plus de 200 : l'aven Armand, sur le Causse Méjan, le Rabanel, creusé dans le bloc du Larzac oriental, et peut-être l'igue (2) d'Aussure, dans la Braunhie, qui continue et termine à l'ouest le Causse de Gramat. En Dévoluy la sonde a coulé pendant 320 mètres dans le chourun Martin ; elle a pu s'arrêter sur une corniche, un restant de la roche, et l'on suppose que ce puits effroyable descend peut-être à 500 mètres. Il communique sans doute avec les Gillardes. Celles-ci surgissent à raison de 2.000 litres au plus bas, et coutumièrement de 2.500. Elles raniment en temps d'étiage la languissante Souloise, affluent de gauche du Drac.

Le gour du Lez de Montpellier, profond de 15 mètres, émet une rivière de 3.000 litres par seconde que les mois de soleil peuvent abaisser à 600. Ces 3 mètres cubes, il les tire des garrigues (3) dont le pic Saint-Loup, élancèze (4) isolée de souveraine noblesse, contemple les arbustes secs et les herbes de parfum violent. Pays altéré ; mais ce que l'orage daigne y répandre de pluie s'infiltre dans le lit aride des ruisseaux et reparaît au dormant du Lez.

Dans le Jura, calcaires et craies de même nature incompacte que les plateaux vauclusiens et les Causses, le Lison, la Loue, apparaissent dans le clair-obscur, sous la voûte d'une caverne, puis à la lumière vraie, et s'abattent du haut de la roche de seuil. Grande de 2.500 litres à son

(1) Les gouffres absorbants, les puits naturels qui recueillent les eaux des plateaux fissurés, tels les avens des Causses, s'appellent chouruns dans le Dauphiné méridional.
(2) Nom que portent en Quercy les gouffres qui creusent le sol.
(3) On nomme de la sorte, en Languedoc, des collines rocheuses, point fertiles, boisées d'arbustes.
(4) On commence à appeler ainsi, d'après un pic du Cantal, les monts, bien dégagés, qui s'élancent, pour ainsi dire, dans l'air.

arrivée au jour, la Loue a pour premier père le Doubs. On le soupçonnait un peu, on ne le savait pas, quand un incendie dévora les usines de poison vert, à Pontarlier. Le Doubs s'imprégna de l'absinthe qui coulait à flots des tonneaux et quelques dizaines d'heures après, la Loue était plus verte, plus amère : il était donc prouvé que sa grande font ne doit qu'une part de son abondance aux « emposieux » qui sont les avens des plateaux comtois.

Précieuse expérience : elle nous apprend que l'eau ne respecte aucunement les formes du relief extérieur ; elle se soucie fort peu des lignes de faîte ; elle passe à son gré d'un bassin dans un autre.

Les anciens prétendaient que l'onde perdue par le fleuve Alphée dans des gouffres du Péloponèse reparaissait à la fontaine d'Aréthuse, dans une île du rivage de la Sicile. Ils disaient que cette eau douce avait le don de traverser les eaux salées d'entre la Grèce et la Sicile, sans y contracter la moindre amertume. Conte de fée que ce voyage en mer, mais vérité possible autrement, par-dessous les flots : il suffirait d'un siphon pour qu'un fleuve passât sous un océan, tout comme nous passons en tunnel sous une rivière, sous un coteau, sous les Alpes. On peut très bien concevoir un Alphée quelconque aspiré par des cavernes en deçà d'une étendue marine, expiré en delà par un gour : il faut seulement qu'aucune brisure n'interrompe la continuité du siphon.

L'ève est la grande force vive dont les caprices les plus extraordinaires obéissent à la loi la plus stricte, celle de la pesanteur. Elle fait ce qui lui plaît, elle peut ce qu'elle imagine ; à la longue rien ne la contraint.

Ce voyage souterrain du Doubs à la Loue nous enseigne aussi que les sources sont chose parfois dangereuse.

10. IMPURETÉ DES DIVONNES.— « Aussi bonnes que belles », proclamait-on jadis devant les magnifiques fontaines, gours immobiles ou prompts bouillidours, comme devant la petite source muette endormie dans l'ombre des bois.

Sainte simplicité du vieux monde !

Elles étaient divines, qui les aurait accusées ?

Or, elles viennent de confesser leur crime : les sources sont des empoisonneuses.

« Dis-moi qui tu hantes, je te dirai qui tu es ! »

L'eau des fontaines, des grandes comme des petites, surtout celle des grandes, a de très mauvaises accointances.

Avant de se lancer éperdu dans un aven, dans une bétoire, un bois-tout, un souci, une igue, une eydze, un cloup, un anselmoir, un endouzoir, un abîme, un tindoul, un emposieux — le nom varie et n'importe : tous ces accapareurs sont des puits dans la roche — le flot d'orage a fouillé le sol ; le ruisseau, le torrent a baigné, tout au moins frôlé des immondices, des pourritures ; il a côtoyé des fumiers, absorbé la crasse et le savon du lavoir ; il est devenu latrinier derrière les chaumières du village ; il s'est incorporé la déliquescence des cimetières, il s'est imprégné de « tout ce que la nature et l'homme ont de mauvais ».

Encore plus que les impuretés, les buanderies, le « fécalisme », les champs des morts, ferments d'en haut, les fonds d'aven empoisonnent les sources. Dans nombre d'entre eux, à la lueur vague du puits de lumière, le descensionniste, — pourquoi ne pas nommer ainsi le rival de l'ascensionniste ? — le descensionniste donc, au bas de son échelle de corde, s'empêtre dans le pourri de corruption des charognes. De ce pourri filtre un ruisseau de décomposition.

C'est que les paysans, les bergers du plateau se débarrassent des bêtes crevées en les lançant dans le gouffre voisin, dont ils font de la sorte un charnier. Puis, souvent l'aven est caché par la brousse, les arbres, les ronces, les épines ; le mouton y tombe, sans savoir, ou le bœuf, la vache, le chien ; parfois aussi l'homme qui culbute soudain dans le noir, par hasard, par imprudence, par vertige, quand il n'y saute point de bon vouloir, en neurasthénique, en désespéré ; quelquefois en victime : ces puits profonds bâillent à souhait pour la jalousie, la cupidité, la vengeance.

Ainsi se fait, ainsi s'entretient le pourrissoir du précipice.

A combien d'avens charognards, de buen-retiros, de fosses humaines puise une fontaine comme Vaucluse qui hume la raclure de 140.000

tal, d'un seul hameau de rustres malpropres pour que son onde puisse être mortelle à qui la boira.

L'ève, mouvement perpétuel et descente forcée, entraîne avec elle tout ou partie de ce qu'elle rencontre en route.

AQUEDUC DE LA VANNE: PASSAGE DU LOING.

Nos conduites d'eau usent beaucoup des siphons ; mais il en coûte moins de passer sur une rivière que par-dessous : d'où des ponts-canaux tels que celui qui fait passer l'aqueduc de la Vanne au-dessus de la vallée du Loing.

hectares? Ou une Touvre, une Ouysse cadurque? Quant aux doux modestes, aux petits gours ou blagours (1), aux humbles bouillidours, il suffit d'une catacombe à cadavres, d'un égout d'hôpi-

(1) Blagour : mot du Midi désignant, notamment en Quercy, les sources profondes en même temps qu'abondantes.

Immaculée par définition, elle se souille par nécessité.

Pour se débarrasser des saletés et fétidités dont elle se déshonore en passant il faut qu'elle filtre à travers les sables, ou qu'elle repose long-temps dans un lac, dans une série de dormants

3

où toute ordure descend à la longue. Ainsi le Rhône, entré jaune dans le lac de Genève, en sort bleu, transparent, pénétré de lumière à travers tous ses flots, rien n'empêchant le soleil de le conquérir jusqu'au fond. Il a déposé son fardeau d'immondices dans un abime qui a plus de 300 mètres de descente. Lors même que le grand courant du Valais arrive en énorme crue, plus que jamais chargé de débris, dans son immense tombeau du lac, il y meurt toujours en abdiquant « le vieil homme », pour renaître toujours en fleuve de cristal : le Léman long, large et creux peut tout décanter.

Contrairement, à la suite des vastes ouragans, ou des pluies longtemps continuées, presque toutes nos sources s'épanchent en flots déchus de leur clarté coutumière, les unes à demi-troubles, d'autres jaunes, rouges, noires, d'après la nature des roches de leur bassin et lorsque la fontaine répond à un pays étendu, suivant les proportions du mélange des diverses crues diversement colorées.

C'est donc que dans le monde inconnu qui précède les fontaines, il n'y a pas assez d'alluvions perméables, de sables, de graviers pour filtrer l'avalanche des eaux ; pas de lacs assez grands pour les distiller ; pas assez d'obstacles, roches, voûtes mouillées, seuils de cascatelles retardant l'onde, et la « lavant » d'heure en heure, de jour en jour.

Elles n'ont donc pas les moyens, le loisir de se libérer des germes dangereux. « Pure comme l'air », dit-on ; mais, d'abord, l'air n'est point toujours pur ; puis, si nos yeux avaient la puissance du microscope, ils verraient, dans l'eau de ces fonts décevantes, des milliards de microbes, une immense vie qui fait la mort. Témoin la grande déconvenue du grand Paris.

Entre autres trésors, et parce qu'il s'appelle Paris, cet accapareur insigne s'est adjugé les sources du bassin de la Vanne, issues de la craie champenoise, les fontaines de la Vigne, dites sources de l'Avre, sur le cours d'une rivière percheronne et diverses divonnes à dix, vingt, trente lieues à la ronde.

Paris, ainsi pourvu d'eau de sources, a cessé de s'abreuver à la Seine qu'il pourrit, lui Paris. Il ne boit plus qu'à « la claire fontaine ». Aussi lorsque se déclare telle de ces épidémies dont l'ève est coupable, ne peut-on plus incriminer le fleuve de la Seine. Il a bien fallu reconnaître que la souterraineté préalable d'un courant ne confère pas nécessairement la pureté parfaite à sa résurgence (1), surtout dans les régions calcaires ou crayeuses, celles justement qui préparent le mieux les Bouillants et les Dormants. Pour que l'onde qui sort de terre soit réellement saine, il importe qu'elle ne soit pas malade dans le mystère des cavernes.

Des surgeons de l'Atlas s'appellent, avec l'éloquence de la brièveté : « Bois et fuis! » à cause des lions qui rôdaient plutôt autour de leur fraicheur. Beaucoup chez nous pourraient se nommer : « Ne bois pas! » Mais lorsque les rus supérieurs seront innocents, innocent aussi sera le gour où ils réapparaissent; il pourra s'appeler : « Bois sans crainte ».

11. REBOISER, C'EST PURIFIER LES SOURCES.

— Aux flatteries et chatteries prodiguées par Ausone aux « Divonnes des Gaules », il convient donc de répondre présentement par la terrible accusation de meurtrière et d'empoisonneuse.

Il est possible, en agissant respectueusement avec le Globe dont nous tenons l'être, il est même facile d'épargner aux sources la promiscuité qui les souille :

Interdire toute familiarité entre l'eau réservée dans la profondeur et les détritus, les déchets, les usures de la surface ;

Ne pas souffrir que ce qui sent l'hôpital ou qui pue la misère physiologique descende en viscosité dans le ruisseau de la future fontaine;

Ne se fier à la terre pour la filtration que quand la terre, vraiment filtrante, est à la fois assez desserrée pour admettre l'eau, assez serrée pour la distiller ;

---

(1) Résurgence : ce mot a été récemment créé pour les sources, les surgeons qui sont moins des naissances de ruisseaux, de rivières, que des réapparitions de courants disparus en amont sous terre

Se méfier des fissures, cassures, trous d'éponge de la roche ;

Et surtout remettre à l'arbre, partout où faire se peut, l'office d'épurer le bassin de la source.

Voilà comment purifier les fontaines, et rien de tout cela n'est au-dessus de la puissance de l'homme.

L'arbre est le premier des hygiénistes. Parmi ses missions il a celle d'assainir le sol dont il s'élance, ne fût-il, cet arbre, que le moindre des arbrisseaux. Il vit de tous les éléments qu'il dissocie, qu'il les enlève à la terre, ou que l'animal, l'homme les ait déposés à portée de ses racines : fumiers, engrais, eaux usées, tout lui est bon, même la rigole immonde de derrière le village, le sang des boucheries, les résidus de la triperie, l'exutoire du pavillon des malades.

Si l'arbre fait la pureté de l'onde, il en fait aussi l'abondance. On ne compterait pas en quelques minutes, ni en quelques heures, les sources taries en France, tout au moins les sourcettes ; car les grandes divonnes, Vaucluse, Touvre, Sorgue, Vis, Ouysse, Lison, Loue étendent le réseau de leurs origines sur trop d'hectares pour disparaître jamais de la surface de la France. Mais une infinité de petites fontaines se sont effacées parce que la forêt s'est effacée avant elles.

Dans ces dernières années des sources précieuses ont diminué visiblement en Algérie, en Tunisie, dès qu'a décru la forêt dont procédaient leurs sources.

Blida « la voluptueuse », que les orangers embaument, s'est effrayée de la croissante misère de son Oued-el-Kébir : elle la combat en reforestant les pentes de son mont des Béni-Salah (1.629 mètres); la blanche Tunis, menacée de la soif par la vétusté de son aqueduc, ancien pourvoyeur de Carthage, vient de commencer la restauration des forêts du Zaghouan (1.295 mètres).

En reboisant les millions d'hectares morts pour la fraîcheur de l'ombre et la fraîcheur de l'eau, la France fera resurgir de son sol des milliers et des milliers de fontaines.

Alors, que de beaux temples, si l'on élevait encore des sanctuaires aux divinités protectrices des eaux ! Mais nous ne célébrons plus les apparitions de l'ève, comme le fit, par exemple, Zaghouan, par un monument de reconnaissance dont il reste encore de nobles débris.

Nous calculons le volume des fontaines, — tant de litres par seconde — nous en établissons l'altitude ; suivant cette hauteur et cette puissance nous les destinons : eau potable, à telle ville ; eau d'industrie, à telle autre. Ainsi meurent, les plus vivants des sites, ceux que l'onde éclaire, qu'elle anime, dont elle double la beauté en mirant les roches, les mousses, les feuillages, la coupole du ciel, les nuages, la lune et les étoiles de la nuit.

Que de charmants paysages fontainiers Paris a déjà détruits : ceux des sources empruntées à la Vanne, ceux des surgeons de la Vigne, la font de Chaintreauville, eau merveilleuse, rochers, pins et sapins, au plus frais des grès de Fontainebleau. La nature y était en fête : l'eau y coulait comme il lui plaisait dans le silence de son vallon; aujourd'hui des pompes la jettent dans des tubes qui la mènent aux réservoirs parisiens suivant une route qui remplace la fantaisie par la géométrie. Obéissant aux lois de l'hydraulique industrielle, cette ève se rit dès lors des reliefs de l'Ile-de-France. Puis, son œuvre domestique, et souvent cynique, achevée à Paris, elle va se noyer dans des égouts dont elle sort immonde. « Les plus belles choses ont le pire destin. »

12. LES SOURCES DE SANTÉ. — Si, parce que l'homme souille ce qu'il touche, on boit les fièvres, la typhoïde à des fontaines traîtresses, contaminées par leur relation avec l'extérieur, d'autres sources tirent de l'intérieur, souvent très loin de la surface, des éléments qui les transforment; elles deviennent des eaux minérales, soit thermales, soit tièdes, soit froides. Les unes se chargent de fer, d'autres de cuivre, d'autres d'arsenic, de soufre, de sel, chacune combinant telles et telles substances.

Sauf les sources thermales, qui sont telles

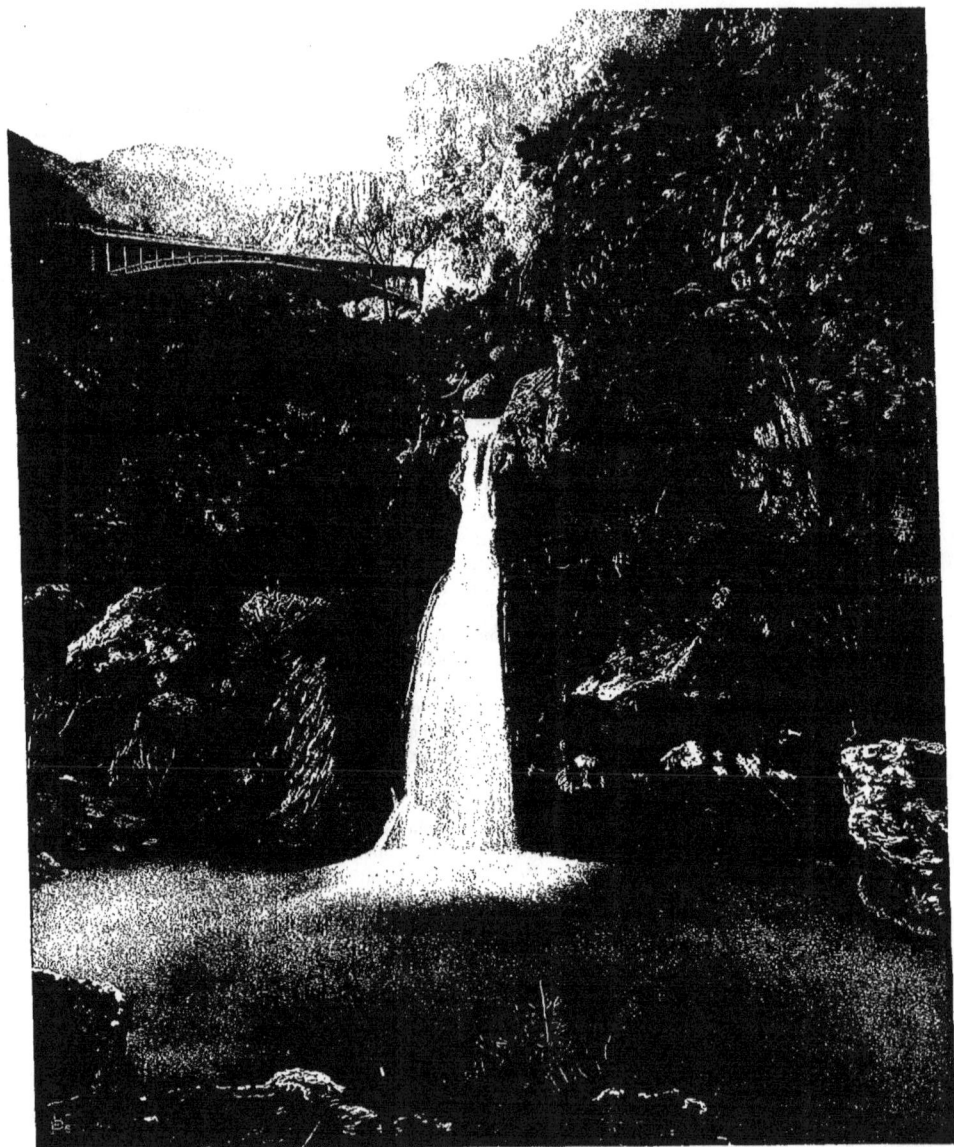

CHUTES DU SAFSAF. EL-OURIT près Tlemcen (Algérie).

L'eau descend diversement des hauteurs ; souvent c'est lentement qu'elle gagne les lieux inférieurs, en longues flexions, en courants vifs, tout au plus en rapides. Mais parfois elle se décide à brusquer l'aventure : elle fait alors en quelques secondes le voyage qui aurait pu lui coûter des jours. Ainsi, dans la banlieue de Tlemcen, le Méfrouch ou Safsaf, plus bas Sikkak, quitte sa haute vallée par les sauts d'El-Ourit, dont la chute totale est de plusieurs centaines de mètres.

parce qu'elles montent des grandes profondeurs, la température normale annuelle des sources reproduit assez exactement celle des lieux où elle saillissent : avec cette réserve qu'elle varie suivant les saisons, mais beaucoup moins que le pays qui les entoure. L'eau du dessous, est naturellement moins sensible que l'eau du

A Paris, ville favorisée malgré sa latitude septentrionale par un climat d'une moyenne d'environ 11 degrés, les fontaines arrivaient au sol à cette même température; l'énorme ville a bouché, comblé, caché, couvert ces eaux naturelles sous la lourde immensité de ses bâtisses. Ce dont elle se désaltère lui vient d'ailleurs,

BORDS DE LA MEDJERDA (Tunisie).

On ne comprend bien la nécessité de l'eau qu'aux lieux où elle manque. Dans notre Afrique, les régions sèches sont presque vides et les hommes n'abondent qu'aux bords des « oueds » qui, comme la Medjerda, coulent toute l'année.

dessus au froid et au chaud. L'exception que font les eaux thermales, deux, trois, cinq, six, huit fois plus chaudes que la température moyenne du lieu, a pour contre-partie les sources, qui, venues de très haut, des puits neigeux de la montagne, sont plus froides de quelques degrés que les autres fontaines de la contrée.

de sources de son voisinage et surtout de fonts lointaines. Peut-être même Paris boira-t-il aux Alpes, s'il réalise son ambition de puiser au lac de Genève, ou au Rhône français en aval de ce lac. Enfin elle a fait monter des énormes profondeurs l'eau chaude ou tiède de plusieurs puits artésiens.

Les fonts sortant du sol à une température beaucoup plus égale que celle du milieu local, concordent donc rarement avec le degré de chaleur du milieu. Ainsi, pour nous en tenir à une ville dont le climat est bien moins excessif que d'autres, Paris a subi des chaleurs de plus de 38 degrés à l'ombre, et des froids de moins 25 : d'où un écart d'environ 64 degrés, qu'il est impossible à l'eau du sol de franchir, d'autant qu'elle gèle à zéro. Il s'ensuit qu'habituellement les gours fument en vapeurs relativement chaudes pendant les journées glacées ; tandis qu'aux heures de chaleur estivale qui les brasse de sa main les trouve froids comme la mort. Les dormants sont donc, par comparaison, et suivant que le ciel l'a décrété, tantôt des bains plus que frais, tantôt des bains tièdes, tantôt des bains brûlants. Mais, comme on ne songe guère en hiver à plonger dans un gouffre, qu'on ne s'y hasarde qu'aux heures du grand soleil, et qu'alors précisément son eau semble glacée, les sombres abîmes, silencieux, épouvantent par leur froidure estivale plus qu'ils n'attirent par leur tiédeur hivernale.

L'onde glacée, l'ombre qui la cerne, qui parfois la couvre, l'appel sinistre de la profondeur, l'antique renom d'insondabilité, des légendes terribles, non tout à fait oubliées, villes détruites pour leurs crimes, fiancés tombés dans le gouffre, ondines entraînant le jeune homme dans la salle de leur palais, font que maint gour terrorise encore celui qui le contemple.

Les sources minérales, quand elles sont bienfaisantes, ou censées telles, sont une fortune pour leur pays. Rien qu'en France, on peut citer : Vichy, Néris, le Mont-Dore, Royat, la Bourboule, Vic-sur-Cère, Châtelguyon, Bourbon-l'Archambault, Bourbon-Lancy, Bourbonne-les-Bains, Bagnoles-de-l'Orne, Vittel, Contrexéville, Plombières, Luxeuil, Uriage, Allevard, Brides, Aix-les-Bains, Amélie-les-Bains, le Vernet, Ax-les-Thermes, Aulus, Capvern, Luchon, Bagnères-de-Bigorre, Saint-Sauveur, Cauterets, Barèges, les Eaux-Bonnes, les Eaux-Chaudes, Salies-de-Béarn, Dax. On en nommerait dix fois plus, mais celles-là sont les plus fameuses.

Ces eaux ont été la baguette magique de la fée ; elles ont tout transformé autour d'elles. De pauvres villages, perdus au fond de ravins étroits, elles ont fait des villes que l'été peuple de Parisiens, de provinciaux, d'étrangers, tant de l'ancien que du Nouveau Monde et des extrémités de la Terre. On s'y guérit (pas toujours), on s'y améliore souvent quant au corps ; les vanités et futilités mondaines, le théâtre, l'opéra, les bals, le casino, le jeu n'y inclinent point l'esprit à la contemplation. A certaines semaines de l'année, dans les plus fréquentées de ces villes de santé, on se croirait sur un boulevard de capitale.

Les fontaines de salut étaient encore plus sacrées que les autres pour nos bons ancêtres, puisqu'elles rendaient le bien-être aux malades, la force aux faiblards. Plus célestes encore si elles avaient rendu la jeunesse ! Nous devons supposer que les Dieux auxquels elles furent vouées étaient les plus révérés de tous, sous leurs noms gaulois, ligures, ibériens ou plutôt peut-être préibériens, préligures, prégaulois. Mais, redisons-le, toutes les divonnes furent l'objet du culte de nos pères. Elles réflètent le ciel ; ils les croyaient sans fond ; ils y avaient vu, c'est-à-dire cru voir, des formes fluides nager dans le bleu du gouffre ; elles participaient à la fois des cieux d'en haut et du monde inconnu d'en bas. C'était le grand mystère.

13. L'EAU CRÉE LES VILLES ET LES PEUPLES. — Qu'elle naisse, qu'elle coule ou s'arrête, source, rivière, lac, qu'elle luise au gai soleil ou se blottisse dans l'ombre au fond d'un puits, l'onde concentre les hommes autour d'elle.

Vivre d'abord, philosopher ensuite, dit la vieille sagesse ; et vivre fut antan chose bien plus compliquée qu'aujourd'hui. Jadis, il ne fallait pas seulement gagner sa vie ; il fallait surtout la défendre. La mort était partout, entre la force et la traîtrise. Au pauvre « animal à deux pieds sans plumes » d'alors, tout était redoutable, et il avait peur de tout, des puissances de l'air, des ouragans, des fauves, et surtout de l'homme. Il n'osait risquer sa famille en lieu découvert. Il s'installait donc à l'abri des surprises : dans une île, comme Lutèce, qui commença Paris; sur pilotis, dans un lac; dans une clairière de la forêt profonde, loin du passage des gens de guerre ; sur une colline escarpée, sur un piton, sur un roc, comme tant de milliers d'acropoles, de « fertés (1) », de châteaux-forts, de villes jadis imprenables : telle notre haute et hautaine Constantine. Or, cités et donjons ne pouvaient subsister qu'avec sources, puits ou citernes.

Nommer une ville, énorme ou menue, c'est dire qu'un torrent y tonne, qu'une rivière y gémit, qu'un ruisseau y murmure, qu'une source y jase; ou que l'homme, émancipé de sa stupidité première, a su conquérir à cinquante, à cent mètres sous terre l'eau des rus cryptiques ; ou conduire jusqu'aux étages supérieurs de ses maisons l'ève qu'il a prise à vingt, à trente lieues de distance, à quelque flot qui passe, à quelque fontaine qui demeure ; ou enfin qu'il a réuni les pluies dans des bassins maçonnés.

L'idée de ville ne peut se concevoir sans l'idée d'eau, spécialement sans l'idée de source. Souvent, la fontaine a disparu, comme la Divonne de Bordeaux, comme les mille fonts qui naissaient jadis dans les vallons marécageux ou sur les flancs des collines de Paris. — Une ville du Portugal méridional se nomme justement Villanova de Mil Fontes : Villeneuve de Mille Fonts. — Mais, quoi qu'on fasse, ces sources perdues ne le sont que pour nos regards. L'eau est incompressible. Sous les rues où marchent des millions d'hommes, sous les places, les théâtres, les Académies, des rus inconnus vont devant eux, cherchant leur fin.

En cela, tous les villages, les hameaux, ressemblent aux villes. Source, rivière, puits, ou citerne, il faut boire, et que les animaux s'abreuvent. La carte des eaux est en même temps celle des lieux habités ou habitables du monde.

(1) Nos aïeux appelaient « fertés » des villes fortes ou des châteaux-forts ; telles, dans la banlieue lointaine de Paris, la Ferté-Gaucher et la Ferté-Milon.

14. TROP D'EAU; PAS D'EAU. — Il est des contrées de mauvais renom où l'eau est la grande ennemie. On l'y trouve partout : en mares sur le sol imperméable, en étangs, en tourbières ; en rus lourds, en rivières endormies revenant incessamment sur elles-mêmes ; aux prairies où le pied s'enfonce, qui n'étant pas inondées au-dessus, le sont toujours un peu en dessous ; entre les racines des herbes, des joncs et des roseaux qui s'inclinent ensemble, à la poussée du vent, comme une armée disciplinée à la prussienne; dans la pluie fine ou le brouillard de toutes les heures; autour des chaumières envahies par les fièvres qu'aujourd'hui l'on guérit et qu'on sait prévenir; autour des rhumatisants rarement distraits de leurs douleurs par la franchise du soleil : car ici l'astre brille à peine à travers les nues.

Ces contrées se croient malheureuses : elles ne connaissent pas leur bonheur. De ces Dombes, de ces Bresses, de ces Brennes, de ces Solognes, de ces Flandres on fait aisément des pays salubres, plantureux, gais de leur opulence. Suivant leurs sols, elles deviennent des jardins comme la Flandre et le Marais Poitevin, ou une forêt comme la Sologne : il suffit d'y creuser des fossés et contrefossés, d'aérer les demeures, d'y faire entrer le pain et le vin avec la lumière; aussitôt une race énergique y remplace la nation des scrofuleux.

Vraiment infortunées au contraire les régions anhydres. S'il est facile de ne pas avoir trop d'eau, il est souvent impossible d'en avoir assez. On délivre de sa surabondance une plaine aux grandes mares égarées dans la brume, un « bog », ou marais herbeux d'Irlande, une Camargue aux étangs salés, des Landes où l'humidité, filtrée dans le sable, regorge au-dessus de l'imperméable conglomérat de « l'alios », et s'en va lente, sombre, vers les « crastes » ou ruisseaux, qui sommeillent entre les racines des pins et des chênes.

Mais où trouver des Congos, des Amazones, des Mississipis, des Nigers, des Nils assez puissants pour amener en innombrables canaux la vie pullulante dans les champs morts des

Saharas, des Turkestans, des Irans, des Atacamas, des steppes qui tendent au désert et des déserts qui aspirent au vide absolu ; monde inanimé. C'est là qu'on comprend le mieux que l'eau est le plus grand des biens et comment son mariage avec la chaleur est la source de toutes choses.

Le passant qui s'y hasarde dans l'immensité, sur la dalle pierreuse ou le sable glissant, n'y attend pas la pluie pour rafraîchir l'air et rabattre la poussière aride qui brûle le gosier. Il sait qu'elle ne tombe jamais ici du ciel d'airain sur la terre métallique ; il ne pense avidement qu'à la source, au puits. L'atteindra-t-il ? Ou s'il y arrive, la poitrine haletante, le puits sera-t-il comblé, la font tarie, entre les squelettes des chameaux, des chevaux, des hommes morts de soif ? Et cette source, si elle jaillit encore, ne sera-t-elle pas si chimique que le cœur se soulèvera rien qu'à la sentir, et combien plus à la boire ?

La Terre ne vit que de l'Eau, comme l'Eau vit de l'Arbre, et l'Arbre de l'Eau. Ce sont là les deux époux dont le divorce est la calamité suprême.

15. Descente et disparition des eaux : les rus souterrains.

— Ces dernières années nous ont fait pénétrer dans l'intimité des ruisseaux souterrains qui finissent par les sources.

Nous ignorions ce monde. A peine en connaissions-nous l'entrée. Et ce que nous en supposions était faux.

Il avait l'attrait du mystère ; comme par une réminiscence des Grecs et des Latins, nos pères l'avaient peuplé de fantômes. Certes ce n'était plus les Enfers, royaume de Pluton, qui ne se soumettait qu'au seul Jupiter, père des dieux et des hommes. Nous n'imaginions point que ce « vain empire » fût peuplé des ombres de ceux qui avaient franchi le fleuve noir coulant sous ses voûtes entre la vie et la mort. Mais les abîmes qui y tombent, les avens étaient pour nous les « rois de l'épouvantement ». On donnait à ces puits du vertige mille pieds et plus

de profondeur, même à ceux qui se sont trouvés n'en avoir que cent ; on attribuait, à ces cavernes, deux, trois, cinq lieues, alors que souvent elles n'ont même pas cinq cents mètres. On y créait des lacs infinis, des serpents monstrueux, des bêtes apocalyptiques. C'était la retraite de la fée Mélusine, le repaire du Dragon.

On n'avait cure des intimes relations de ces antres avec les fontaines. On ne voyait en eux que des salles, des abîmes, des couloirs où ramper étroitement, l'échine contre la roche ; on s'enthousiasmait de leurs stalactites et stalagmites, et l'on ne s'intéressait point à l'humidité qu'on y rencontrait par hasard : « Tiens ! De l'eau, d'où vient-elle, où va-t-elle ? » A quoi bon s'en occuper ? On ne pensait guère que ce fût là l'origine des fleuves.

En possession maintenant de la vérité, nous savons que les eaux firent antan et qu'elles font toujours des travaux gigantesques dans le labyrinthe des cavernes. Elles ont tracé, elles tracent leurs couloirs dans les régions oolithiques crétacées, tertiaires ; elles n'ont pas évidé les roches anciennes ; ce qui se comprend assez : ces sortes de pierres sont trop dures pour que des flots, même violents, les entament dans leur intimité ; l'eau les use à force de siècles suivant leur surface, elle ne les creuse point dans leur secrète profondeur.

Naturellement, l'ève ne peut se livrer à ses extraordinaires fantaisies que dans les régions « tendres » où des cassures préalables de la roche, ce qu'on nomme aujourd'hui des diaclases, lui facilitent ses efforts. Elle y taraude, elle y perce, elle élargit, surtout elle fore : la pesanteur l'y contraint. C'est à croire que dans ces pays-là le réseau des rivières descendra tout entier au plus creux de l'abîme; en quoi d'ailleurs il ne fera que continuer l'œuvre du passé.

Sur des plateaux élevés, dans des ravins de la montagne, en des lieux aujourd'hui sans eaux, à très grandes hauteurs, de vastes pierriers s'étendent à fatiguer le regard. Ce sont les lapiaz des Alpes françaises, chaos de roches dissociées, de trous, de rainures, d'avens. Champ stérile, Arabie flétrie que la neige égalise quand elle tombe à grands flocons, mais nul ruisseau n'y jase avec ses rives ; tout ce qui les mouille leur vient directement du ciel, pluie, bruine ou frimas ; rien ne leur vient de la source.

On n'en peut douter, ces dédales, ce désordre fou, cette architecture insensée, ces rayons et cannelures, ce crible de tuyaux, de puits, tout cela fut principalement l'œuvre des eaux courantes sur des plateaux où l'eau ne court plus. Aujourd'hui la pluie, la neige, le gel ou le dégel, les coups de foudre, la morsure poursuivent l'attentat des anciens torrents contre la continuité du rocher. Les avens du lapiaz s'effondrent sur des cavernes ; ces cavernes descendent à d'autres cavernes ; l'ève affouille d'autres grottes dans ce rez-de-chaussée de l'édifice des antres superposés, dans ces caves qui dans cinquante, cent ans, mille ans seront devenues le premier, le second, peut-être le troisième étage de la Babel sans lumière. Ainsi l'eau « divine » qui voyait jadis le soleil, que maintenant l'ombre de la pierre enveloppe,

s'abaisse de jour en jour vers des sources plus ou moins supérieures au miroir mouvant de la mer.

PERTE DE LA VALSERINE, A BELLEGARDE (Ain).

Où trouver un meilleur exemple du travail prodigieux des eaux courantes? Ce torrent des monts du Jura s'enfonce dans les « Oulos », gorges qu'il a taillées lui-même ; puis, descendant toujours d'un flot rapide, il devient à demi ténébreux entre les hauts rochers de la « Perte de la Valserine » : c'est là qu'il s'unit au Rhône, dans un fond obscur, au lieu même où renaît ce fleuve engouffré plus haut, tout près, dans la fissure dite « Perte du Rhône ».

En pays fissuré rien de plus ordinaire que l'étagement des cascatelles aux flancs à pic d'une roche. En temps sec, une haute paroi ; au pied de cette paroi, le gour, évasion normale du torrent. Au-dessus de la source, des lucarnes dans la pierre. Puis, les pluies venues, dès que l'aspiration des avens a rempli les uns après les autres, en escaladant toujours, les corridors superposés des cavernes, chacun des couloirs vomit son torrent par sa fenêtre du bloc, l'une à vingt, l'autre à quarante, une troisième à cinquante ou cent pieds de hauteur. Les puissances pluviales successives de la contrée se manifestent ainsi, tout d'abord par une fontaine pérenne, puis des fonts d'occasion dont les apparitions se succèdent de bas en haut, les antres inférieurs étant les premiers à vomir leur trop plein. C'est absolument comme à la font de Vaucluse : en temps arides la Sorgue s'échappe de son puits par les lucarnes d'en bas, puis, avec les pluies, elle monte, et s'élance enfin, comme un fleuve, à la cascade du déversoir. L'usure aidant, la grande font pérenne d'à présent jaillira plus bas et le gour d'aujourd'hui sera devenu la plus basse des cataractes accidentelles.

Le passé des torrents dans les assises fissurées, nous prédit l'avenir des eaux courantes de la moitié du monde et cette prophétie est tragique. On a trouvé sur le Causse Méjan des traces d'un très antique lit du Tarn, à 500 mètres au-dessus de son cours présent; et sur le Causse Noir, des vestiges de la Jonte d'auparavant, à 400 mètres plus haut que la Jonte d'aujourd'hui. Les mêmes causes produisant toujours les mêmes effets, nos rivières des pays filtrants, s'abaisseront, avec une admirable aisance, de cinquante, de cent, cinq cents mètres suivant les cas. Il n'y faudra que le temps et le temps a du temps devant lui.

Si donc nous admirons encore les fonts brillantes que nos aïeux adorèrent, nos descendants pourront bien ne contempler que des gueules d'aven aux lieux où les primitifs célébrèrent des divonnes. C'est tout au fond des antres, dans des galeries hypogées, qu'ils verront courir ou dormir ces torrents; c'est par des puits inouïs, par des pompes miraculeuses qu'ils les iront chercher pour boire, dans des contrées qu'alors on pourra justement nommer les pays de la soif.

Ainsi sommes-nous menacés de perdre le trésor des eaux diaphanes. Vaucluse, en son plein, jaillit encore à 106 mètres d'altitude ; mais peut-être trouvera-t-elle demain ce que toujours elle cherche : les premières fêlures de l'aven inconnu qui l'engloutira pour la déverser plus bas, on ne sait où, en Comtat, en Provence, ou plus loin dans la mer même ou au-dessous de la mer? Il n'y a d'autre terme à l'enfoncement des eaux que la rencontre de la chaleur centrale du Globe : devant cent degrés de température l'eau se désorganise : elle remonte en vapeurs, en sources thermales, en éruptions volcaniques.

La descente graduelle des eaux vers l'intérieur de la Terre devient un poignant souci pour les prévoyants de l'avenir terrestre. Où s'arrêtera ce cheminement vers le fond du fond? Perdrons-nous la splendide vue du courant des eaux en toute contrée filtrante, en toute roche absorbante? Ne l'a-t-on pas déjà perdue sur les Causses? Faudra-t-il un jour recourir partout aux mares bétonnées, aux « lavognes (1) » verdies, aux citernes, à ces puits-gouffres qui sont les obscurs sauveurs de la Beauce?

Coûte que coûte il faudra se préoccuper de maintenir à la surface l'élément de la vie au lieu d'aller le conquérir à trois cents pieds sous terre. Dût-il maçonner tous les rus des lieux perméables, l'homme devra vaincre ici la nature.

16. L'autrefois et l'aujourd'hui des cavernes. — Les grottes, l'ensemble des corridors latéraux ou superposés, ascendants ou descendants, les fonds d'avens, tout ce qui va de l'orifice du puits à l'argile, au roc, à l'eau de la dernière salle qu'on puisse atteindre, ce royaume de l'ombre éternelle est devenu le royaume de la lumière fugitive depuis qu'on l'éclaire fantastiquement à l'électricité, comme Padirac, qui profite d'une chute de la Dordogne, au magnésium ou à toute autre fulgurance inventée par la chimie. Il finira par nous être aussi connu que nous le voudrons, et même

(1) Nom qu'on donne sur les Causses aux mares où boit le bétail.

cadastré, jaugé suivant toutes ses dimensions.

Qu'il paraît loin et pourtant qu'il est près de nous le temps où l'on rampait dans les grottes, barbouillant de fumée la candeur des stalactites à la lueur d'une chandelle souffletée par l'aile des chauves-souris. Maintenant, des Christophe Colomb découvrent tous les jours ces Amériques ténébreuses; des Fernand Cortez s'en emparent, des Strabon les décrivent, des canots y naviguent, à la lueur du magnésium incandescent. De la bouche des avens on y descend par des escaliers de fer et l'on en remonte comme on y est descendu, non plus épouvantés comme autrefois d'avoir osé bravé les Enfers, mais émerveillés à jamais par les magnificences de l'Empire des Ténèbres.

Il était écrit que l'ère où l'homme, planant enfin dans l'azur, contemplerait de haut la Terre, serait aussi celle où il devinerait les secrets des bas abîmes. Pas tous cependant : il en est que lui cache, que lui cachera longtemps encore, l'onde cryptique dans les grottes non encore abandonnées par elle, là où un siphonnement sous voûte arrête le canot de l'exploration. On voguait, bien étroitement, mais enfin l'on voguait sur la riviérette, et tout à coup l'on se cogne à la paroi, sans issue ni en bas, ni en haut, ni à droite, ni à gauche. C'est la fin du monde.

La roche, même la roche tendre, résiste longtemps aux courants qui la pressent, mais ils finissent par vaincre. Quand ils ont triomphé d'un bloc de montagne, qu'ils l'ont percé d'outre en outre, de la gueule de l'aven à la fontaine de résurgence, on voit, tout au long de la traversée, à quels extraordinaires efforts, à quelle infinie patience ils ont dû leur victoire. Victoire qui tient pour quelque chose à ce que l'ève n'agrandit pas seulement ses cavernes par sa force mécanique, par son poids, son courant; elle fait aussi le vide autour d'elle par sa force chimique, non plus en érodant, mais en corrodant la roche.

Ce dont ces deux puissances diminuent le bloc, sort de terre avec le ruisseau de la grotte.

L'eau qui jaillit au jour après être tombée dans la nuit s'applique donc de trois façons à modifier le globe : elle le rabote et déblaie en amont de sa perte, elle l'évide sous roche, elle le remblaie en aval de son gour.

Dans les cavernes que ces torrents parcourent ou qu'ils parcoururent, la pierre s'écarte, vide récent ou vide antique, soit que le flot ait emporté la substance à force d'y rouler, d'y plonger, d'y tourner, soit qu'à des centaines de milliers d'années en arrière, des contractions et rétractions de l'écorce du Globe, des mouvements spasmodiques, des tremblements de terre aient créé de l'espace là où régnait la continuité; auquel cas l'ève s'est empressée d'agrandir ce vide. Alors ce sont parfois des salles plus vastes que celles des palais, bien plus hautes aussi, jusqu'à près de cent mètres dans des antres que nous connaissons. Ailleurs le torrenticule et, en grande crue, le torrent, s'engloutit dans une rainure qui n'a pas un mètre de large; ailleurs un gour le concentre, petit lac dormant; ailleurs encore une cataracte, une cataractette le brise et le précipite. Et surtout, il lui arrive de se terminer brusquement devant un rocher, en apparence seulement : l'ève passe dessous lui, parce qu'elle est l'eau, mais l'homme est bloqué. Voilà pourquoi le ru qu'on a surpris au fond de l'aven se suit rarement jusqu'à sa rivière.

17. LE BRAMABIAU, PADIRAC. — Tout près du célèbre Aigoual, on a longé le Bonheur, de l'aven qui l'engloutit, sous un tunnel naturel, jusqu'à la meurtrière d'où son eau, retrouvant la lumière, tombe, au bas d'une falaise de 120 mètres : là le Bonheur change de nom; il devient le Bramabiau, c'est-à-dire le Bramebœuf. Mais on n'a point reconnu le ru du gouffre de Padirac jusqu'à son union avec la Dordogne ; ni la riviérette du Tindoul de la Vayssière jusqu'aux brillantes fontaines de Salles-la-Source, au pied d'un tuf gigantesque; ni le torrent de l'aven du Mas-Raynal jusqu'à la superbe apparition, pourtant bien voisine, de la Sorgue du Larzac. Encore moins, pourra-t-on, comme au Bramabiau, voyager de

l'abîme de Jean-Nouveau (1) au puits de Vaucluse, d'une perte de la Tardoire ou du Bandiat à l'épanchement de la Touvre; ou des fuites
du Doubs à la cascade originaire de la Loue.

De l'orifice du puits d'engouffrement du
Bonheur à la sortie du Bramabiau, nous nous
sommes parfaitement instruits sur les mœurs
de l'eau des cavernes; les mêmes que celles
de l'eau de surface, sinon que l'onde des cata-
combes ne voit pas le soleil, ou n'en voit
confusément la lueur qu'à de rares soupi-
raux ; qu'elle ne reflète que le noir plombé;
qu'elle n'a ni forêts, ni prairies, ni villes à ses
bords. Mais elle a ses insectes, ses crustacés
aveugles, tout un peuple de cavernicoles.
Peuple qui ne contemple plus de ses yeux,
éteints à la longue par l'obscurité; il sent, il
comprend avec ses antennes, qui se sont démesurément allongées depuis l'entrée des ancêtres
dans le souterrain royaume. Ainsi, dans ces
ténèbres du noir, il suffit que des bestioles aient
de l'eau devant elles pour qu'elles pensent et
agissent, pour qu'elles sachent, qu'elles con-
cluent, et mènent leur vie suivant une doc-
trine, sans doute obscure, jusqu'à son terme
naturel !

Le Bonheur hypogé se comporte à peu près
comme s'il réfléchissait la voûte ronde où il
semble que nage le soleil. Il se hâte ou s'arrête; il
double des promontoires; il s'augmente à des
confluents; il boit des sources; de la roche d'en
haut des gouttes tombent dans ses gours comme
une pluie du ciel ; mais la pluie du ciel ne trouble
qu'au gré des nues le miroir des lacs, des rivières,
tandis que la pluie des cavernes, éternellement
filtrée, tombe éternellement, à lents intervalles,
à petit bruit sinistre, sur l'immobilité des dormants. Ces confluents, ces sources, ces gouttes
et gouttelettes, ont vite fait de muer sous terre
les rus en rivierettes.

Un jour la voûte d'une caverne s'abîma brusquement au bout oriental du petit causse de
Gramat, là où il confine, bloc sec, blanchâtre
ou rougeâtre, avec les lias (2) humides, les val-

lons verts, les bosquets de la Limargue (1). De
cette chute soudaine, sinon d'un long déman-
tellement, naquit le Puits de Padirac, igue ou
aven distinct de presque tous les gouffres de son
causse par la magnificence de son précipice.

Presque tous les avens s'ouvrent sur ce qu'on
croyait l'insondable par un trou noir juste
assez large pour qu'on y jette le cadavre d'un
bœuf, d'un cheval, ou pour que l'homme y
tombe, à 50, à 100, 200 mètres de chute.

Mais le Puits de Padirac, superbe défaillance
de la roche, s'ouvre sur plus de 100 pieds de
diamètre et sur 75 mètres de profondeur di-
recte; plus de 100 jusqu'à l'origine de son
célèbre ruisseau. Du fond l'on n'entrevoit pas
seulement le ciel, lumière des vivants; on le
contemple, on l'admire, pour le perdre aussitôt
de vue, dès qu'on suit le cours des aventures
héroïques du ru de Padirac.

Ce torrenticule de quelques litres seulement
par seconde a pris part au creusement d'un
grand palais des ténèbres qu'éclairent maintenant des fils électriques partis de Carennac,
des lieux où l'on présume que le ru termine
son voyage dans la Dordogne par une source
de fond. Il ne court pas ; il coule muet, comme
la tombe, si, de-ci, de-là, des gouttes ne tombaient
en pluie du haut des voûtes sur quelqu'un des
douze lacs qu'il a suscités par le dépôt de son
calcaire. A ces lacs les parois s'écartent, puis
elles se rapprochent, et la galerie redevient un
défilé de l'Angoisse. Au grand lac des Gours,
tombe de 27 mètres une cascade de pierre où
retentit l'eau des crues quand elle gonfle le
lac des sources du Mammouth et sur ce lac
« suspendu », le Grand-Dôme lève son ogive
à 90 mètres au-dessus du ruisseau, dont l'onde
transparente, parfois profonde de 77 mètres,
réfléchit obscurément de splendides stalactites.

La pluie des voûtes, qui accroît sous terre, ou
plutôt sous roc, les futures fontaines ou les
humbles fontanelles des vallons, arrive souvent
au plein cintre ou à l'ogive des cavernes en sui-

---

(1) Voir p. 25.
(2) Le lias est l'assise inférieure du calcaire.

(1) Pays humide, herbeux, sylvestre, qui domine, à l'est, les
plateaux calcaires du Causse de Gramat.

vant les tentacules infiniment dédoublées par lesquelles l'arbre se cramponne au sol dont il vit. Si donc on reboisait les monts, plateaux, coteaux, ravins et ravinots dont les sources procèdent, plus il y aurait d'arbres, plus leurs racines dégout-

l'eau que par l'arbre. L'aven solitaire en son coin de forêt ne boit pas tant d'onde et roule moins de débris que le trou béant dans la rocaille inombragée. Autant de moins pour la fontaine en temps d'orage; autant de plus pour la

LE SIDOBRE : LA PEYRO CLABADO.

On se demande comment cette « Pierre Clouée » — traduction de Peyro Clabado — se tient depuis tant de siècles en équilibre. C'est là l'un des jeux du temps, qu'on a surnommé le Grand Sculpteur : aidé du ruissellement, il cisèle les rocs à sa fantaisie.

teraient d'en haut sur le ruisseau qui cherche sa voie dans le mystère nocturne de la crypte. L'ève, dont le courant nocturne s'accroîtrait ainsi normalement, serait de la sorte enlevée à la violence, on peut dire à la férocité des crues. On ne sauve ici, et partout, et toujours,

distillation lente, patiente, sage, indiscontinue, pour la chute des gouttes, pour les rus caverneux et l'épanchement des sources.

18. LES « RIVIÈRES DE PIERRES ». — Si embarrassée que soit l'eau dans les corridors du cal-

caire et de la craie, elle l'est plus encore dans les compayrés ou « rivières de pierres » du Sidobre : là, les murs du rocher ne la conduisent pas vers la lumière, sous des voûtes pleines ; au contraire, elle n'y coule qu'à force d'écrasements.

Le Sidobre des Languedociens est resté ce que la nature l'avait fait ; un dos de granit ; à ses pieds évolue un grand tributaire gauche du Tarn, l'Agout, torrent de sourd silence ou d'ébattement bruyant sur des dalles de pierre. Sans respect pour son œuvre première, cette même nature s'est aussitôt employée à démolir ce qu'elle venait d'édifier ; elle ne le renverse point à grands pans comme dans les régions aisément abattables, mais à la sournoise, à l'invisible, si lentement que le centenaire voit à la même place, et ni plus grand, ni plus petit, le bloc autour duquel il jouait dans sa prime enfance ; si bien qu'il peut croire à l'éternité des choses, sauf à celle de sa misérable vie.

Au bout de dix, cent, mille siècles, n'importe, la froideur de la nuit à cette altitude moyenne de 650 mètres, la chaleur du jour, l'électricité, la foudre, la pluie surtout, ont modifié le plateau, qui reste un plateau sculpté à la manière fruste. En place d'une table plus ou moins unie, il est par endroits comme un « carnac » immense, un champ de dolmens, de menhirs, de cromlechs, de pierres branlantes. Carnac d'ailleurs plus varié que le Carnac politique et religieux des landes littorales de la Bretagne bretonnante : aux formes, malgré tout, régulières des mégalithes, à leurs avenues, à leur disposition rituelle, funéraire ou autre, le Sidobre unit les formes indistinctes que l'imagination transforme à son gré, en hommes, en bêtes, en chimères, en tours, en églises, en châteaux-forts.

En Bretagne, le fleuve de Lorient, le Blavet, disparaît un moment sous d'énormes blocs décrochés de collines qui ne sont que pierres, ajoncs et bruyères. C'est le Toul Goulic, la Perte du Blavet. En Languedoc, le Tarn s'engouffre en son cagnon sous un chaos de rocs énormes : on ne le voit plus ; eau d'un vert bleuâtre, il passe, on ne sait comme, écrasé sous la pierre ; mais cette perte du Tarn ne dure qu'un instant.

Le Sidobre a de plus rares merveilles en ses « rivières de pierres ».

Qu'on se figure un évanouissement de ruisseau pendant 100, 1.000 et jusqu'à 4.000 mètres, sous le faix intolérable d'immense blocs écroulés, amoncelés les uns sur les autres, en équilibre stable ou instable, mais c'est tout comme : quel que soit le glissement des roches, la voûte se reforme toujours, et toujours le ruisseau ne reçoit du grand luminaire que des rais confus, aux rares endroits où la dalle n'embrasse pas la dalle.

Les compayrés sont donc des cavernes au fond desquelles une onde opprimée coule, sous un dôme écrasé ; fausses cavernes que l'homme ne peut visiter qu'aux endroits où le hasard a fait aux ruisseaux étouffés une voûte sèche au lieu d'une voûte mouillée.

Ces « rivières de pierres » montrent la puissance de l'ève : c'est elle qui a usé toutes ces roches, elle qui court à son but, sous elles, en dépit d'elles.

LIVRE III

LES TORRENTS

1. Les Cascades. — Les rivières se ressemblent aussi peu que les hommes. Chacune a son caractère ; on se hasarderait à dire : ses idées, ses mœurs. Les unes courent aussitôt les aventures, d'autres mènent une vie passive; d'autres sont tantôt fantasques, tantôt sages.

Les aventurières naissent dans la montagne ou sur le plateau dont il leur faut descendre, non sans catastrophes; leur enfance, leur jeunesse, sont prodigieusement agitées.

Nulle d'entre les rivières turbulentes ne l'est plus que le Gave de Pau, dès sa naissance Gave, cela signifie torrent dans les Pyrénées béarnaises, comme immédiatement à l'orient Neste veut dire aussi torrent dans les monts de la vallée d'Aure et du Comminges. Ailleurs, dans les Alpes de la Savoie, on les appelle des Nants, des Dorons.

A peine sorti d'un glacier de 22 hectares, le Gave de Pau, qui n'est encore que le Gave du Marboré, sent que la roche lui manque ; il se précipite dans la mort, de 450 mètres de haut, six à sept fois l'élévation des tours de Notre-Dame de Paris ; et il meurt en dix-neuf secondes. Comprenons par là qu'il commence son bond en eau glacée et qu'il l'achève en froid brouillard. Aucun torrent du monde ne fait un saut pareil. Des cascatelles ont 1.000 mètres ou plus, mais point d'un seul élancement, tandis que le fils du Marboré tombe à pic et que rien ne l'arrête au-dessus de son gouffre.

Cette plus élevée des cascades s'abat dans le plus grandiose des cirques : tout au moins n'en connaît-on pas encore de plus sublime. Le Gave du Marboré le quitte sous le nom de Gave de Gavarnie, qui est celui du cirque ou de l'oule, suivant l'expression pyrénéenne.

Tout espoir n'est pas perdu, dirait un industriel, de confisquer un jour le saut de Gavarnie pour le contraindre à quelque œuvre de force. « Pourquoi cette eau serait-elle inutile? Jetée sur des turbines, elle remplacerait des milliers d'ouvriers ». C'est le combat de l'utile contre le beau.

De même que les grandes sources entrent au plus tôt dans les biefs d'usine, ainsi les grandes chutes semblent condamnées aux travaux de l'industrie. Déjà le Niagara lui-même est asservi pour un quart et d'aucuns voudraient l'enchaîner tout entier.

S'il est peut-être impossible de sauver le Niagara des attentats de la mécanique; peut-on croire qu'on garantira les cascades françaises, qu'on les empêchera de passer de la liberté de leur chute en pleine lumière à l'emprisonnement dans un tube, et finalement à la fuite dans un canal d'usine? Le désir, la volonté de forcer la

CIRQUE ET CASCADE DE GAVARNIE (Hautes-Pyrénées).

Si le Gave de l'an naissait dans des roches dures, telle une meule et granits, il n'y aurait point là de cirque de Gavarnie; les mélodies, le ruisselboscli y auraient enlevé beaucoup moins de substance, les formes y seraient plus molles, moins géométriques. La reine du Cirque est une substance très entamable qui n'a que faiblement résisté aux lois de la nature : la montagne s'est écroulée à grands pans, laissant un vide immense et une paroi droite pour la plus haute des cascades (420 m.).

pesanteur à travailler pour nous, semble condamner d'avance tous nos « sauts mortels ».

2. LA HOUILLE BLANCHE. — La houille blanche a ses sectaires. et qui dira qu'elle ne les mérite

Tel torrent de dix à douze pieds de largeur, aidant sa faiblesse d'eau de la force de sa pente, travaille plus que tel courant qui compense par la nullité de sa pente le volume de son eau cubique.

CASCADE DU SAUTADET (Gard).

Une rivière cévenole, affluent du Rhône, la Cèze a fait ici des merveilles de sculpture fruste. En avant de la cascade, là où l'eau commence à s'apaiser, il y a 32 mètres de creux, profondeur rare, peut-être unique dans nos rivières françaises.

pas? Elle est si puissante, si propre, comparée à la houille, au pétrole, aux huiles! Déjà l'on s'empresse d'assujettir les grandes rivières : Rhône, Isère, Drac, Romanche, Dordogne, Vézère, etc., ou même de contraindre de simples ruisseaux à des ouvrages prodigieux.

Avec la Suisse, le Tyrol, la Haute-Italie, l'« incomparable » Dauphiné, par exemple, peut se promettre et se permettre toutes sortes de miracles : monts de 2.000, 3.000, 4.000 mètres et, à leur pied, des vallées relativement très basses, des apies formi-

4

SAUT DE LA VIROLE, A TREIGNAC (Corrèze).

Cette cascade dont le sourd grondement trouble le silence des gorges, en un beau site du sévère Limousin, brise violemment les eaux de la Vézère supérieure ; elle est moins célèbre pour la masse de ses eaux, d'ailleurs constantes, et pour sa hauteur de seulement dix mètres, que pour les couloirs sylvestres du tour de la Vézère, comme on nomme les gorges d'aval. Elle est grandement menacée de disparaître, elle et les rapides qui la précèdent et la suivent, pour le service d'une grande usine électro-chimique.

dables ; des torrents qui coulent des neiges, des glaces, des lacs ; donc, beaucoup d'ève ; des différences de niveau telles que 1.000, 2.000, voire 3.000 mètres entre la cime et le fond sont chose commune; c'est là précisément ce qu'il faut pour créer des cascades auprès desquelles celle même de Gavarnie rentre dans l'ombre, sauf la sublimité de son Cirque.

C'est chez les Dauphinois qu'est née la théorie de la houille blanche ; ils l'ont appliquée aussitôt sans hésiter dans une de leurs montagnes qui s'y prête le mieux, dans le massif de Belledonne, granit de 2.982 mètres de suprême altitude, qui s'impose brusquement à la plus que splendide vallée du Graisivaudan ; celle-ci s'épanouit à 250 mètres seulement au-dessus des mers, entre cette vieille Belledonne et la Grande-Chartreuse, qui est bien plus jeune, en tant qu'oolithe et que craie.

D'un torrent belledonien part un canal qu'on tient le plus longtemps possible à flanc de montagne, en pente douce, tandis que la combe descend en pente raide. Soudain l'eau de cette dérivation tombe de 473 mètres et demi, donc de plus haut que la cascade de Gavarnie et, si petite soit-elle, développe une force de 3.000 chevaux.

Puisqu'on a déjà dépassé le fameux saut, pourquoi ne pas quadrupler sa hauteur ? On a donc barré un lac qui reçoit le déversoir de deux lacs moindres bloqués chaque hiver sous la glace. Ce barrage relève de 12 mètres le plan des eaux, il régularise ainsi le torrent, auquel on ménage si bien la pente, au dessus de la ravine de plus en plus profonde, qu'on l'amène à 1.713 mètres de hauteur au-dessus du gouffre où il plonge ou plongera si la conduite n'est pas encore achevée ; ces 5.000 pieds et plus d'affalement donneront à ce ruisseau la puissance d'un grand fleuve.

Le seul Dauphiné, la seule Savoie peuvent prétendre chez nous à de pareils écroulements. Les Pyrénées, le Jura, les Vosges, les montagnes du Centre, les demi-monts, les collines rivaliseront moins avec le Gave du Marboré, mais enfin chaque pays tirera parti de ses eaux, de sa pente : telle chute éclairera, telle autre animera des grandes usines, telle autre des ateliers de famille.

Il en résultera qu'une cascade artificielle de 100 mètres remplacera cinq, dix cascades ou une longue suite de rapides. On aura de la sorte enlevé d'une, de deux, de cinq lieues de vallée tout ou partie du bruit, de l'animation, de la vie, de la beauté pour concentrer toute cette force, tout ce tumulte en un seul Niagara. Et ce Niagara grondera sourdement dans des cylindres ; souvent c'est à peine si l'on pourra l'entendre ou le voir, et c'est par des canaux d'usine que son onde reverra la lumière.

Quelle misère que cette guerre, destinée à ne jamais finir du nécessaire, quelquefois de l'indispensable, contre l'harmonieux, l'imprévu, le beau, le superbe, le sublime !

L'homme, fils de la Terre, ne peut-il toucher à sa mère sans la déshonorer ?

Que de brutalités dont elle est déjà victime ! De ces coups, sévices et injures graves, la plus grave fut et reste la proscription de l'arbre. Confisquer des cascades; verser une rivière libre dans la prison d'un canal; cacher des fontaines dans des corps de pompe, tuer un site par un aqueduc, un pont, une carrière, une tranchée, un remblai; masquer un panorama par un mur, raser une tour féodale; profaner une vieille église par le maçonnage, crépissage et badigeonnage, ce sont-là des péchés véniels; le déboisement est le péché mortel. On s'en aperçoit à la diminution de ces cascades, à la sécheresse des torrents, à la ruine des montagnes.

3. Puissance et fureurs des torrents. — Les torrents auxquels on peut instituer en quelques kilomètres une différence de niveau de plus de cinq mille pieds entre le lit naturel et le canal d'amenée d'usine ne grondent que dans les hautes montagnes. Mais tous les cours d'eau qui méritent ce nom de torrent, même dans les pays d'humbles collines, rabotent beaucoup plus leur lit, leurs berges, leur val que les rivières pacifiques des régions sans pente.

CASCADE DU NIAGARA. (Extrait du volume " La Terre ", co. Larousse.)

Ce plongeon de 7.500 mètres cubes par seconde en moyenne brise la magnifique rivière qui va du lac Érié au lac Ontario. On se demande à quelle époque elle aura cessé de tonner entre les États-Unis et le Canada. Les calculs varient, mais ce qui ne varie pas, c'est la conclusion qu'elle n'existera pas toujours. Par suite de l'usure du seuil, qui tombe peu à peu dans le gouffre, elle recule lentement vers l'amont, dans la direction de l'Érié.

Un bon torrent digne de son nom s'arrête rarement plus de quelques secondes dans ses gours, dits aussi ses dormants, ses planiols, mots qui s'expliquent d'eux-mêmes, car l'eau y dort, en surface plane. Il ne cesse de courir déblayer les terres lâches, les conglomérats, les ocres, les argiles, les sables, les roches calcaires, crayeuses, certains schistes peu résistants. Que ce soit aujourd'hui, demain, ou plus tard, il veut passer, il passe.

L'ORB AU PONT DE TARASSAC, PRÈS LAMALOU-LES-BAINS (Hérault).

Dans les régions de climat excessif comme les Cévennes où l'Orb serpente, il n'est pas rare de voir les crues suscitées par un orage soudain, monter jusqu'au cintre des arches d'un pont ; et trop souvent les ponts ne leur résistent pas.

et, dès qu'il atteint ou dépasse quatre mètres par seconde, il tranche et taille, il emporte les substances molles, il use les substances dures. Il lui faut des années, mettons des millénaires pour creuser les porphyres, mais il a tôt fait de Cet affouilleur, creuseur et pourfendeur n'accepte pas la contrainte : enchaîné, il faut qu'il brise ses chaînes. Il ressemble à un prisonnier qui percerait les murs de sa prison, non pas au seul recoin choisi pour sa délivrance, mais partout, à droite comme à gauche, derrière comme devant ; dans les grandes crues sa devise est « *Quo non ascendam ?* » (1).

Il se donne partout de l'air, mais c'est par en bas qu'il s'échappe, ayant naturellement porté par là son plus grand effort pendant son ascension, et n'ayant guère travaillé que là pendant ses défaillances aux jours caniculaires.

La puissance d'érosion des torrents vient de leur vitesse ; leur vitesse tient à leur pente, et au volume de l'eau qui se brise sur leurs pierres, contre leurs pierres.

Voici, par exemple, dans la roche un torrent qui mérite le nom de Sécheron porté par plusieurs d'entre eux : en effet il sèche en été ; l'on y cherchait alors la fraîcheur, on n'y trouve que l'embrasement, le soleil répercuté par la grève, les dalles, les parois ; on pensait y boire au moins quelques gouttes, on n'y aspire que du feu.

Qu'on vienne le voir après une trombe, ce Sécheron ! Il a monté de trente à quarante pieds ; un peu plus il couvrirait la cime de la tour dont le moyen âge défendait un pont en dos d'âne ; il remplit la ravine de ses rumeurs, il entrechoque des rocs, détruit des berges, emporte des débris de la montagne.

Il va si vite qu'on dirait, si la chose était possible, une cascade horizontale. Comment lui résisteraient le hameau, le village, le bourg qui furent assez fous pour ne pas naître au-dessus de sa force ascensionnelle ? Le bourg, le village, le hameau sont éventrés ; le bourgeois, le villageois, noyés ou écrabouillés. Puis, après les gorges, le torrent dévaste la vallée, la plaine.

Fureurs soudaines, délire bientôt apaisé : de ce délire subitement ces névrosés se tranquillisent, aussi rapidement qu'ils s'encolèrent : l'orage passé, le fleuve s'endort.

4. La Vernazoubres, l'Ardèche. — Une ville du Languedoc, Saint-Chinian, s'est si bien installée à l'abri des vents, à l'espalier des monts, que les orangers y fleurissent. Un torrent y passe, jamais à sec à cause de deux sources

(1) Où ne monterai-je pas ?

vauclusiennes, mais qui mouille rarement toute la grève de son lit. La Vernazoubres — c'est son nom — vient des monts de Pardailhan, très hautes collines, schistes ou calcaires, qui continuent vers l'est, sous l'incendie du soleil, la nature farouche des monts du Minervois. Un jour de septembre, en 1875, elle coulait sans bruit sur ses cailloux. Endormie, tout au moins somnolente, elle ne menaçait personne ; mais il pleuvait dru sur la montagne et le réseau de ravins lançait ses torrents d'orage vers la ville, aussi rassurée que jamais sur la débonnaireté de son « riou ». Le soir venu, le torrent s'éleva de 8 mètres en 15 minutes, il emporta cent maisons et mit à mort cent cinq Chinianais.

D'où vint ce désastre qui eût pu être plus affreux encore, car il n'y a point à crier à la crue : « Vous n'irez pas plus loin ! », puisqu'on ne peut crier à l'orage : « Arrêtez-vous ! »

Il eut pour cause essentielle la nudité du pays de Pardailhan que ses habitants ont presque totalement déforesté, par barbarie naturelle, par étourderie, par une avidité tôt déçue, puisqu'ils ont remplacé leurs bois, leur maqui, par la vigne trompeuse. Si la selve maternelle avait encore ombragé les versants, le torrent aurait moins grandi, surtout il aurait grandi moins vite. « Garde tes arbres, tu auras tes eaux pour amies ! »

On peut s'attendre à tous les excès sous ce climat passionné, devant les Cévennes glacées par le mistral, brûlées par le soleil, africainement arides, assaillies tout à coup de pluies comme la Normandie et l'humide Bretagne n'en connaîtront jamais. Dans ces Cévennes, où un air presque « boréal » souffle nécessairement vers la plaine torride, les haleines de l'Atlantique se mêlent aux haleines de la Méditerranée. C'est ici le conflit inapaisable, inapaisé des puissances d'en haut, le remous des fluides, le choc des électricités contraires, les typhons, la cascade qui descend infiniment du ciel.

En une seule pluie du mois d'octobre, Joyeuse, bourg du Vivarais, dans le bassin de l'Ardèche, dut 792 millimètres de pluie au passage d'une seule tempête, alors que Paris n'en doit que

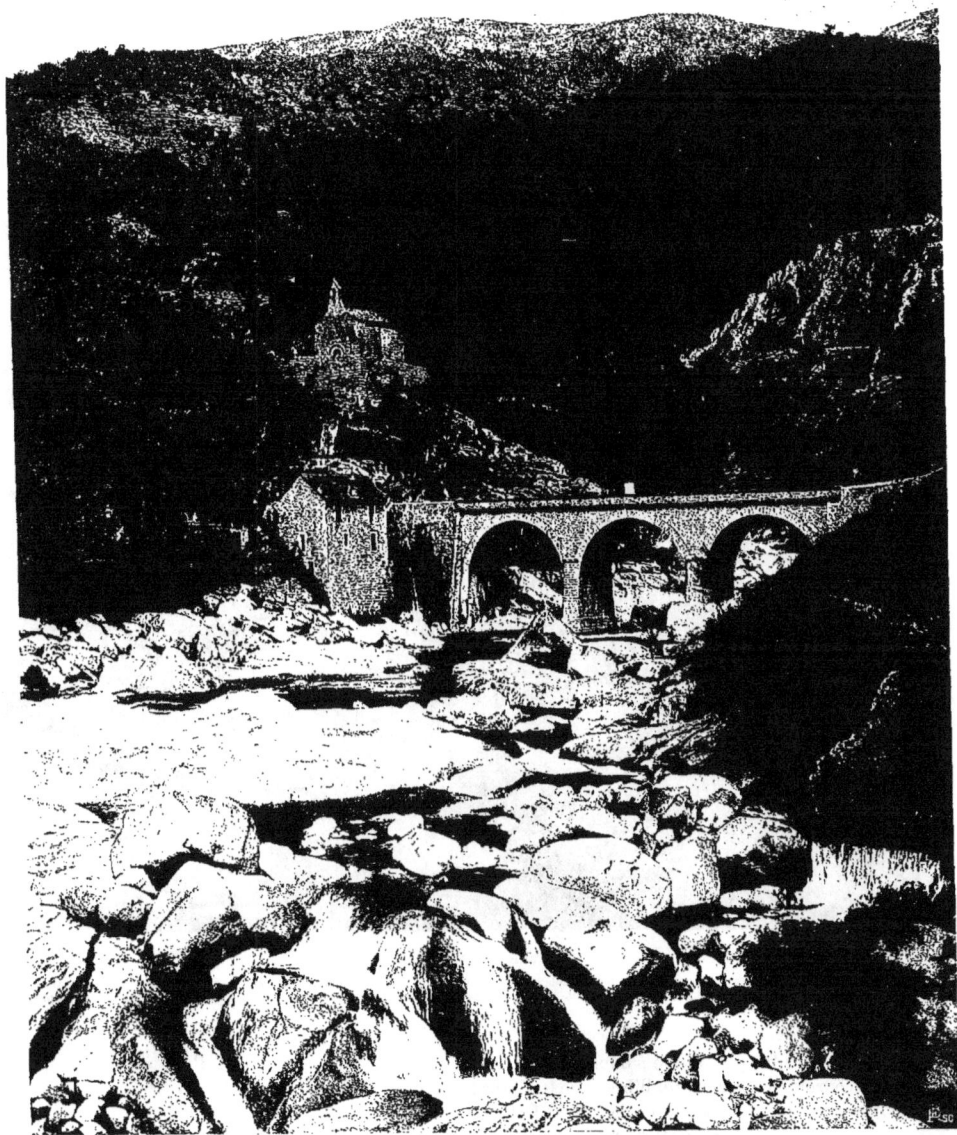

GORGES DU CHASSEZAC (Ardèche).

Soit dans les granits, gneiss et micaschistes de son cours supérieur, là où il naît près des sources de l'Allier, soit dans les calcaires, les craies de son cours inférieur, il n'est guère de bassin plus dénudé que celui du Chassezac ; aussi n'est-il guère de torrent plus insubordonné. Heureusement qu'entravé dans des cagnons très étroits, d'effrayante profondeur, il ne peut étendre au loin ses ravages.

565 à tous les orages de l'année. Qui donc s'étonnerait que l'Ardèche, torrent d'un beau vert, mêle entre temps à son flot pur des vagues bourbeuses qui l'égalent momentanément aux plus fameux fleuves de l'Univers ?

Mississipi, d'un Orénoque, d'une Volga, d'un Danube !

Ce torrent a jadis pris part à une grande œuvre d'architecture, si même il n'en fut pas le seul architecte. Il a foré les cloisons d'une

UNE CHUTE DU BURZET.   (Cliché Boulanger.)

Des « orgues » de basalte en pendentif ; des blocs tombés de ce pendentif dans une caverne creusée par les eaux ; une cascade ; on voit ici comment les torrents usent leur lit, leurs gorges, leur vallée dans les régions volcaniques. D'ailleurs ils râpent toutes les roches, même les porphyres les plus durs.

C'est à n'y pas croire : dans une contrée aussi harmonieusement équilibrée que la France, un torrent pas plus long que de Paris à Orléans, en un bassin à peine égal à trente et une fois Paris entre murs, arrive à la contenance d'un

grotte ; ou bien, profitant d'une diaclase (1), il a creusé de ses propres forces le court tunnel

(1) Diaclase : on nomme ainsi les cassures des roches stratifiées, dans le sens vertical ; elles sont perpendiculaires aux plans de stratification.

qu'on appelle Pont-d'Arc. L'Ardèche passe sous cette arche triomphale de 59 mètres d'ouverture, de 66 de hauteur, à 34 mètres au-dessous de la clé de voûte de ce plein cintre sublime. Or, telle est l'énormité de ses crues qu'elle peut exemple le Burzet) dans des gorges où les volcans ont éparpillé des « merveilles de la nature », « orgues » de basalte, « chaussées et pavés des géants », cascades tombant du fronton des laves.

Et les torrents du Midi Cévenol et du Midi

LE PONT D'ARC (Ardèche).

Quand on voit l'Ardèche réduite à 5.000 litres par seconde en étiage, on a peine à comprendre qu'elle ait pu creuser cette porte triomphale ; on comprend très bien quand elle s'y engouffre avec 8.000 mètres cubes, seize cents fois l'étiage.

presque atteindre, malgré l'ampleur de l'arche naturelle, le niveau d'un lit antique, à quelque vingt mètres plus haut que l'étiage.

Les affluents de l'Ardèche l'imitent en cela, qu'ils courent sur les roches anciennes ou descendent de cascade en cascade (comme par des Alpes : Cèze, Erieux, Doux, Gard, Vidourle, Hérault, Orb, Drôme, Eygue, rivières du Dauphiné méridional, du Comtat et de la Provence, tous ces « détraqués » sont d'autres Ardèches. Quand leur folie les prend, tous ces fous s'élèvent dans leurs gorges à 40, 50, 60 pieds au-dessus de l'étiage, et dans la plaine ils étendent un Nil tantôt fécondant par ses alluvions, tantôt stérilisant par ses sables.

On conte à leur propos toutes sortes d'histoires : les vraies sont vraies, et les fausses sont vraisemblables. Arrivé dans la plate campagne tel d'entre eux a mis dans une île le pont qu'on venait de jeter de rive à rive. Tel autre, précédé d'une sourde rumeur, a noyé le troupeau de moutons qui paissait l'herbe courte entre les cailloux de la grève. Un troisième a trouvé bon d'engloutir un jour tous ses moulins plus haut que leurs cheminées. Un quatrième a roulé des rochers jusqu'au maître autel d'une église dont le monticule semblait défier à jamais toute crue; un autre a dispersé les pierres tombales d'un cimetière du coteau. Un autre encore, coupant au plus court, a tranché l'isthme d'un long méandre et diminué son cours d'une lieue, tandis qu'un autre a préféré s'allonger d'autant en se jetant dans un ravin latéral. Ce ne sont que fantaisies, lubies, folies, extravagances, dans le sens étymologique du mot.

Les torrenticules aussi réussissent à s'égaler aux fleuves. On a vu tel ravin sec, dont le moulin avait pris le nom charmant d'« Écoute s'il pleut ! », menacer de ses flots la cime des arbres dans le jardin du meunier.

Un concert d'imprécations suit chacune de ces grandes divagations des torrents : « Des vies perdues, des ponts emportés, des chaussées détruites, des bourgs saccagés, des millions enfouis ! » Puis on s'écrie : « A demain le nouveau désastre ! » au lieu de crier : « Assez ! Assez ! Domptons l'odieuse rebellion des eaux ! Faites pour créer la vie, ne souffrons pas plus longtemps qu'elles distribuent la mort ! »

Si la nature parlait dans une langue humaine, autrement que par des harmonies, des fracas, du silence, elle répondrait : « O Gaulois, Kymris, Ibères, Ligures insensés, vos yeux sont donc aveugles et vos oreilles sourdes ! Quand les selves ondulaient sur vos Cévennes, vos Alpes, vos Pyrénées, vos torrents avaient bon caractère; leur gaîté n'allait pas jusqu'à la démence.

Reforestez vos monts et vous tranquilliserez vos eaux ! »

A vrai dire, leur sagesse ne sera jamais parfaite, puisqu'il y aura toujours des orages « fabuleux », des typhons, et puisque des pluies absolument régulières ne sont pas de ce monde.

L'automne de 1907 nous a rappelé qu'il faut toujours appréhender les caprices de l'air, le noir pèlerinage des nues et le jour presque semblable à la nuit, tant le soleil semble parti pour un autre et moins lugubre univers.

En six semaines, cet automne a précipité sur le Midi languedocien, des Cévennes à la Méditerranée, 710 millimètres de pluie sur le pays des garrigues grises et des vignes vertes : soit autant que la moyenne des années ordinaires ; et en arrière, dans la montagne, l'Aigoual, qui est « un pic des tempêtes », en a vu tomber 2.124.

Aussitôt se sont émus les torrents impressionnables : l'admirable gave bleu des gorges de Saint-Guilhem-le-Désert, l'Hérault, qui devient, quand les orages le lui commandent, le « justicier » de ses campagnes; le Vidourle, auquel on n'oserait dire : « Tu ne monteras pas plus haut, » le Gard, l'Ardèche, la Cèze, le Chassezac, et les « rieux », les « rious », les « cadereaux » presque toujours secs, puis, soudain, capables des plus cruels forfaits.

Il y aura toujours des crues, même quand la terre sera normalement reboisée ; il y en eut toujours, comme nous l'apprennent les légendes de presque tous les peuples sur les antiques déluges et l'« ouverture des fontaines du grand abîme » dont parle la Genèse. « L'Éridan, roi des fleuves, s'avance en tourbillons insensés (dit Virgile, à propos des désastres qui présagèrent la mort de César) ; il tord les forêts, il roule à travers les champs le bétail et les étables, » et Horace s'écrie : « Nous avons vu le Tibre jaune, heurtant le rivage étrusque, renverser le monument royal et le temple de Vesta. »

Mais ne sommes-nous pas en droit de penser que ces crues furent atténuées par la forêt ? Pour le débordement de l'Éridan, c'est-à-dire duPò, ce fut assez d'un long vent chaud, d'une longue pluie tiède sur les glaciers des Alpes italiennes ; pour le Tibre, d'un de ces orages extraordinaires qui font sursauter les rivières ; d'ailleurs que savons-nous des ravages anté-

de « la lutte qui se poursuit dans le monde entre les moutons et les dragues ».

Évidemment les crues du temps passé ne furent pas aussi cruelles que celles du temps présent : non seulement parce que l'eau ne

GORGES DE L'HÉRAULT, A SAINT-GUILHEM-LE-DÉSERT (Hérault).

L'Hérault supérieur est presque partout perdu dans des défilés. Par un contraste saisissant, dès qu'il a fui sa dernière gorge, celle de Saint-Guilhem-le-Désert, il coule dans une large campagne, qui est le vignoble le plus riche de France.

rieurs de la chèvre et du mouton dans la montagne des Apennins ? De la chèvre, décrétée l'ennemie du genre humain parce qu'elle broute « le cytise en fleur et les saules amers » ; du mouton si funeste aux pâturages des hauteurs, comme aux estuaires des fleuves, qu'on s'inquiète

ruisselait pas autant sur les pentes, mais surtout parce qu'on laissait aux rivières leur pleine liberté.

On ne les incarcérait pas dans un lit incapable de toujours les contenir ; elles s'épanchaient à leur gré sur tous les niveaux accessibles de leur vallée; quand elles déchiraient le sol, elles en pansaient les blessures ; elles colmataient ; presque toutes étaient un peu des Nils; leurs aventures les habitées. En Afrique, dans l'Amérique du Sud, la rivière s'élève lentement : il lui faut imprégner ses forêts, raviver ses palus, remplir ses faux bras, imbiber au loin ses deux rives; après quoi tout cela ne se vide que peu à peu : la rivière descend avec lenteur, comme elle a monté.

5. LE FIER, LE VAR. - Ce n'est pas seulement dans notre Midi que s'exaspèrent les torrents stupides; c'est partout.

Ainsi, dans les Alpes savoisiennes, le Fier, si bien nommé, se livre à des ascensions prodigieuses. Grandi du Thiou, qui est le Rhône du lac d'Annecy, ce torrent s'insinue dans les Abîmes, fente étroite, sans rives, les rochers plongeant à pic dans l'eau profonde. Sans la galerie cramponnée aux parois, à 27 mètres de hauteur, on ne pourrait admirer ce ténébreux passage. A ces 80 pieds de dominance, ce serait folie de se croire toujours en sûreté : il ne faut au Fier que quelques heures pour grimper à 115 pieds dans la rainure. Plus bas, en approchant du Rhône orgueilleux, aux Bagnes du Fier, il atteint sans

GORGES DU FIER (Haute-Savoie).

Les tranchées que ce torrent a percées dans la masse du roc prouvent que l'eau s'accommode de tout : on ne croirait pas qu'un ruisseau puisse passer là où s'engage et d'où se dégage une rivière de grande et constante abondance.

dispersaient en coulées, en faux bras, en marais.

Nous voyons ce qu'elles furent quand nous contemplons les « rios » des terres non encore doute une élévation pareille là où le rapprochement des falaises réduit sa largeur à 2 mètres. Mieux encore : quand le vent du Sud fond les neiges des Alpes, le Rhin monte

remous, trop de courbes inconnues, l'une combattant l'autre, pour qu'on en dégage une formule mathématique bien sûre. Combien de litres à la seconde, à telle heure de tel jour

AU PIED DU PELVOUX : LE VÉNÉON.

Du Pelvoux, qui est un massif de plus de 4.000 mètres, pendent les glaciers dont le Vénéon procède. Telle est la quantité d'eau fondue qui sort de ces champs de frimas que dès sa première lieue le Vénéon a puissance de rivière.

de 50 mètres, on dit même de 60, dans les précipices de la Via Mala.

Ces gonflements et renflements des torrents ne peuvent se calculer avec exactitude en mètres cubes. Dans l'eau qui force ainsi le passage en une étroiture il y a trop d'éléments inappréciables de vitesse et de retard, trop de

dans le Rhin de la Via Mala, le Fier des Abîmes et des Bagnes, l'Ardèche du Pont-d'Arc? Quels moyens de saisir l'insaisissable ? On dit d'un torrent qu'il va d'un étiage de 5 mètres cubes à des crues de 5.000; il arrive donc à rouler mille fois son moindre volume. Ce sont des à peu près, qui souvent sont des « un peu loin ».

On ne détermine pas non plus à un millième près la masse de débris qu'entraînent les flots furibonds et la valeur des dépouilles charriées par l'eau qui, troublée dans sa paix, se venge sur la Terre en la chassant vers la Mer.

Il suffit de contempler, par exemple, une crue du Var, le fleuve des Alpes-Maritimes que Vauban surnomma le fou et le gueux. Ce redoutable bandit ne demandait, comme tous ses pareils, qu'à passer en ami dans sa vallée ; mais, tel que nous l'avons fait par l'extirpation des bois de sa montagne, il faut maudire ses jours de colère, et comme de cruauté. Suivant que l'orage a crevé sur des schistes, des roches permiennes, des oolithes, des craies, des nappes tertiaires, il galope en flots noirs, rouges, gris, blancs, jaunes ; toute la gamme des couleurs y passe, moins le beau vert, le beau bleu et la simple transparence. Ce serait à croire que ce fleuve apporte alors à la Mer autant de fange que d'onde, et l'on comprend, à le voir, avec quelle avidité l'ève mange les sols que l'arbre ne défend plus.

6. LES GLACIERS, LEUR DIMINUTION. — Aux pays des hautes montagnes, en Savoie, en Dauphiné, les glaciers ont bonne part aux crues des torrents. Dès les premières chaleurs de l'année, leur dureté vitreuse s'amollit ; ils fondent.

L'eau si fluide, si glissante, si roulante, si volubile, comme disent les Latins, et comme nous devons le dire après eux, l'eau, entre toutes ses merveilles, fait le miracle de se muer en une sorte de pierre partout où règne le froid, soit aux grandes altitudes, soit aux hautes latitudes ainsi qu'au bord de la mer et dans la mer même aux régions voisines des Pôles.

En s'élevant vers la cime des Alpes, l'air se refroidit, ses vapeurs se condensent et, au lieu de se résoudre en pluie, comme dans la région basse, elles se résolvent en frimas. Pendant la fin de l'automne, durant tout l'hiver et le début du printemps, la neige flotte, elle descend, elle tombe jour et nuit, ouatée, silencieuse, nombreuse, innombrable. Elle couvre tout de sa roide substance, de la masse blanche qui se nomme névé. Suivant le temps, ce névé se dégèle, se regèle, se convertit peu à peu en glace à son extrémité inférieure sur laquelle il pèse et à laquelle tend son humidité.

Dans les Pyrénées, moins compactes et d'un tiers moins élevées que les Alpes, les champs de glace n'ont que quelques centaines de mètres. Ils en ont des milliers dans les Alpes, et des centaines de milliers dans les régions polaires, aux lieux d'énorme humidité froide. L'*Inlandis* ou « Glace Intérieure » du Groenland occupe un espace égal à près de trois fois et demie la France. Le Mont-Blanc, la Vanoise, la Maurienne, les Grandes-Rousses, l'Oisans, le Pelvoux sont drapés de neiges éternelles, d'où procèdent des glaces immortelles, cachées en hiver sous les blancs frimas avec leurs terribles traîtrises, leurs séracs ou cascades vitrifiées, leurs avens éclairés sourdement par la demi-diaphanéité de l'eau congelée, leurs longues fentes étroites, bref les glissades et les abîmes dont l'été lève le voile.

En hiver, la congélation domine la vie de ces blocs immenses, surfaces rugueuses transportant dans leur voyage de descente les rochers qui leur sont tombés du cirque de la montagne ; car ils voyagent lentement, lourdement, entraînés par l'énorme pesanteur de leur masse. La morne saison, qui est ici la saison de la mort, mais aussi l'éclatante saison, quand le soleil luit sur tant de blancheur, scelle des glaces nouvelles aux glaces anciennes du bloc issu des névés beaucoup plus qu'elle n'envoie d'eau fondue au torrent qui sort de l'arche terminale. On pourrait dire que le glacier dort alors son sommeil hivernal, comme la marmotte et l'ours de sa montagne — ours aujourd'hui bien rare : un peu plus il aurait disparu.

Puis, voilà le glacier qui vit grandement, le soleil l'émeut, toute sa surface ruisselle ; ses fêlures, ses trous boivent l'eau de fusion ; sous le rampement de la glace, toutes ces froidures diluées descendent au cintre où le torrent s'échappe en flots laiteux. Quelques jours après ce soudain réveil, ce n'est plus 50, 100, 200, 500 litres à la seconde qui fuient de leur prison, mais 1.000, 5.000, 10.000, et des mers de glace de la Norvège, de l'Islande, de l'Amérique boréale, partent des fleuves plus puissants à leur naissance que tels autres après deux cents lieues de voyage.

« Mer de Glace » de Chamonix. Puis, à mesure qu'arrive l'automne, l'arvéron diminue; il s'achemine peu à peu vers son étiage d'hiver.

Si la Côte-d'Or, le plateau de Langres, le Morvan avaient hauteur d'Alpes, la Seine estivale égalerait ou même dépasserait la Seine

LES SÉRACS DU GLACIER DU RHÔNE (Suisse). *(Extrait du vol. " La Terre ". col. Larousse.)*

La surface des glaciers n'est pas toujours unie : leur substance vitreuse se brise en puits, en fissures, en séracs semblables à des cascades solidifiées; ces accidents de surface sont un danger des ascensions : que de grimpeurs sont morts dans les abîmes de la glace !

C'est donc en été que les blocs de neige congelée lancent de vastes eaux troubles aux torrents des Alpes. Quand au lieu du soleil, la pluie chaude dissocie ces blocs, le dégel de la masse est bien plus prompt et la porte du glacier suffit à peine à l'issue de l'arvéron : Donnons ce nom commun aux courants émancipés des glaciers d'après le torrent turbulent qu'enfante la

hivernale en puissance. Si le Massif Central dressait des Monts-Blancs, des Pelvoux, des pics toujours neigeux, la Loire ne serait plus le large banc de sable de l'Orléanais ; si les Pyrénées croissaient d'un tiers, la Garonne serait plus digne de Toulouse. Plus heureux que ses trois sœurs françaises, le Rhône compense en été la sécheresse de ses affluents « pluvieux » par la prodigalité de ses glaciers, comme en hiver il se console de l'avarice de ses mers de glace par la générosité de tributaires nés du passage fréquent des nues.

Devons-nous craindre la « fin finale » de nos raccourcir. A certains d'entre eux il y a maintenant des centaines de mètres entre le lieu d'où sortait leur torrent et l'endroit dont présentement il s'échappe. L'extrémité qu'ils atteignirent reste visible à leur moraine terminale,

LA MER DE GLACE, A CHAMONIX (Haute-Savoie).

La Mer de Glace du Mont Blanc naît de la rencontre de trois glaciers; elle a 6 kilomètres de long sur 700 mètres de largeur moyenne. L'Arvéron en sort avec violence, fort de 1,400 à 40,000 (?) litres par seconde suivant la saison.

glaciers? « Qui n'avance pas, recule »; or, ils n'avancent pas; bien plus, ils reculent, un peu partout, et, en certains lieux, très vite.

Longueur, largeur, épaisseur, ils se rapetissent dans leurs trois dimensions. Naturellement, c'est à partir d'en bas qu'ils commencent à se c'est-à-dire au chaos de roches que la marche pesante du glacier transporta jusque-là; de même le retrait latéral se reconnaît à la ligne de blocs charroyés sur l'une et l'autre rive au temps de la plus grande expansion. De maints glaciers minimes bloqués dans un fond de ravin rien ne reste aujourd'hui que la moraine : la glace « éternelle » était éphémère.

De même que la tendance de l'onde à fuir sous le sol menace de nous ravir l'ève qu'il faudra tirer avec effort des abîmes, de même les mers dront-ils, désastre immense, les semaines de la fusion des frimas?

Il semble qu'on a moins à s'inquiéter du recul général des glaces que de l'enfouissement progressif des eaux : celles-ci ne peuvent ré-

CHUTE DE LA MER DE GLACE, AU CHAPEAU (Haute-Savoie).

Cliché Tairraz, Chamonix.)

Du pied des dômes trapus, des aiguilles élancées, les glaciers descendent vers les vallées, mais ils ne s'y aplatissent pas en une surface unie; ils y tombent par une paroi vitreuse ou s'y achèvent en un indescriptible chaos de blocs titaniques.

de glace, origine de tant d'eau de surface, cesseront-elles de pendre en écharpe à l'épaule des monts? La Terre devient-elle caduque? Entrons-nous dans la sécheresse définitive? Il y eut des temps glaciaires, y aura-t-il des temps sans glace faute de névés? Et nos fleuves persister aux lois de la pesanteur, ni les cavernes où elles se confinent à l'agrandissement du vide par l'emport de leur substance; ni les sols meubles s'agglutiner au point de devenir étanches; tandis que l'humidité croit et décroît et qu'à des cycles et sous-cycles plus ou moins

5

anhydres succèdent, pense-t-on, des sous-cycles et des cycles plus ou moins pluvieux.

7. LES AVALANCHES.

— La rénovation de la montagne par la forêt contribuerait notablement à la restauration des glaciers : les arbres condenseraient les vapeurs, ils attireraient la pluie qui, à cette hauteur, est la neige; de plus de neige, résulteraient plus de névés et, au bout de ces névés, de plus vastes mers de glace.

La reforestation protégerait aussi le mont par la suppression des avalanches. Dès qu'un peu de neige perd l'équilibre sur un versant, beaucoup de neige, infiniment de neige s'ébranle. Ce qui roule sur le flanc du précipice n'est que de l'inconsistance, une sorte d'écume blanche, une poussière où le soleil éveille des diamants, un rien; mais ce rien une fois « mobilisé », l'on dirait que la montagne elle-même s'écroule : le vent qui précède la neige emporte les rochers, les maisons, les hameaux; neige, rocs, débris, l'avalanche a passé sur des villages endormis à jamais. Si l'armée des arbres s'était alignée sur le versant du précipice, elle aurait arrêté l'ennemi, elle aurait divisé, brisé son effort.

A côté de l'avalanche de neige il faut craindre encore plus le décollement des assises à la suite des longues pluies; désastre subit : cent mille mètres cubes, un million, bien plus encore, un centième, un vingtième, un dixième de mont s'abat sur un ressaut de la vallée ou dans la coulière elle-même.

L'eau commet ainsi le plus grand de ses crimes, et n'en est pas toujours coupable, puisque cette chute a souvent pour cause maîtresse l'extirpation de la forêt; n'étant plus maintenue sur la pente, la couche a glissé. Le mal fait, l'ève se charge aussitôt d'en effacer les traces; elle dilue les débris et les transporte en aval, si loin que le rocher devient caillou, le caillou sable, que des deltas s'agrandissent et que la mer se comble.

A mesure que le torrent déblaie l'avalanche, il approfondit sa ravine, il attire à lui plus de montagne, et la roche a plus de pente pour ses dégringolades : qu'il creuse de dix mètres, c'est

trente pieds de plus pour les éboulements, pour la ruine. C'est surtout par en bas, lentement, que le mont succombe, comme le colosse aux pieds d'argile.

Tout se tient. Comme on l'a dit : « la nature ne fait pas de saut. »

Extirpation des arbres; arrivée « fulgurante » de la trombe que la forêt n'a pas divisée, désorganisée, absorbée, enfouie; creusement de la ravine; affouillement et destruction des berges; descellement et transport des rochers; ponts crevés, routes coupées, plaines ensablées, c'est le même drame dont tous les instants sont tragiques et qui, toujours, finit par la stérilité, par la mort.

Tel torrent n'a pas mis cent ans à assassiner sa vallée.

8. PUISSANCE ET DÉVASTATION DES TORRENTS.

— Il faut l'avoir vu pour le croire : des moins que rien, des rus où le chien n'avait pas trouvé la veille de quoi lapper une goutte, mènent, deux heures après, une terrible rivière à la Durance, à l'Isère, à l'Arc, au Rhône, à toute autre. Ils arrivent si forts et si rapides, le flot d'aval tellement pourchassé par le flot d'amont, qu'ils coupent en deux cet Arc, cette Isère, cette Durance : ils font digue, le grand cours d'eau reflue en arrière et les riverains stupéfaits le voient couler un moment vers sa source.

En Maurienne, en Tarentaise, en terre de Durance, partout où il y a forte pente, roche friable, pluie violente, le torrent détruit et dévore. Chaque année voit croître le nombre de ces dévorants.

Souvent après un seul orage, tant de ponts se sont écroulés, tant de falaises abattues, tant de roches précipitées, tant d'affouillements ont emporté tant de substance, qu'un ravin nouveau sillonne le malheureux mont. On peut se fier aux typhons futurs pour l'agrandir, l'approfondir, le creuser en abîme. Plus tard aux deux rives de ce jeune ravin accourront d'autres ravines; au lieu d'une seule blessure au flanc la montagne ne comptera plus ses plaies; le torrent non contenu par l'arbre l'aura meurtrie à mourir. L'eau étant par destination l'ouvrière qui ne s'arrête pas avant la fin de l'œuvre, mille cicatrices coutureront un jour l'ancien bloc lisse, et ces cicatrices-là s'élargiront toujours à vif jusqu'à ce que toute substance ait disparu. De ce qui fut une vie, il ne restera que la mort autour de rocs plus durables, dit-on, que les siècles et dont pourtant les siècles bornent la durée.

Les torrents ont exercé tantôt l'ironie, tantôt la colère des montagnards. Sous des noms d'amitié, de reconnaissance comme Bon Rieu, Bon Nant, se dissimulent d'intolérables coquins, haïs, redoutés, fuis; autant qu'on peut, l'on s'en éloigne en largeur, car leur expansion va loin, et en hauteur, car ils montent jusqu'au ciel, disent leurs voisins et victimes. De même, en Maurienne, on a nommé Bonneval, pour Malval, un village grelottant, bordant de ses chaumières, à 1.798 mètres d'altitude, le déjà terrible torrent du Drac, qui gronde furieux, au pied de monts glacés, sur des pierres, entre des débris.

Ailleurs ils ont nommé de noms mérités, Malrieu, Rabioux, ou Enragé, ces infatigables accumulateurs de ruines. Infatigables : ce mot ne vaut ici qu'à la longue. En face d'un cirque dévasté, l'on croirait qu'un travail acharné de tous les instants a seul pu démantibuler ainsi la contrée; or, il n'a fallu que vingt ans, par exemple, ou cent, il ne chaut ; et ces rides, ces coutures, ces grèves, ces abîmes ne viennent pas d'un plan longuement médité, patiemment suivi : de brusques fureurs ont tout fait, des déluges, de troubles avalanches, des crises effroyables terminées par un sommeil de mort.

Ailleurs on leur a infligé le nom naturaliste par excellence, en variantes nombreuses, mais en les qualifiant ainsi l'on n'incrimine pas leur saleté; l'on accuse plutôt leur caractère. On les traite ordurièrement parce qu'on les abomine pour le tort qu'ils font au pauvre monde. Ces noms-là ne disent la vérité que dans maintes villes du Midi où la propreté n'est pas la première des vertus.

Les dégâts provoqués par les coups de tête et les coups de force des torrents ne se bornent pas à la montagne. Leur malfaisance va bien plus loin, elle se prouve jusqu'à la mer le long du fleuve auquel ils finissent par arriver. Le moindre des ravinots d'en haut influe sur l'estuaire de la Loire comme sur le delta du Rhône.

Une fois lancée dans le torrent, la motte de terre arrachée par l'averse au flanc du mamelon roule avec lui, diluée ; elle s'arrête où elle veut, où elle peut, près, loin, au premier dormant ou dans le lit moitié marin que le flux brasse, que le jusant rebrasse à l'aide du courant fluvial.

9. LES ATTERRISSEMENTS, LES RÉSERVOIRS. — Les atterrissements des torrents transforment d'autant plus vite les rivières, les lacs, les basfonds, que la contrée dont ils happent les terres, en même temps que les eaux, a perdu la sauvegarde du relief terrestre, la forêt de jadis, orgueil, gloire et force du monde quand il n'était pas encore civilisé, pour le plus grand bonheur de la vie universelle que la tyrannie de l'homme a si profondément troublée.

Passons la Méditerranée sans sortir de chez nous; la France africaine subit un climat brusque, souvent douloureux; son ciel calcine, ses vents dévorent, l'été s'y arroge tant de printemps et tant d'automne, le soleil s'empare tellement des deux tiers de l'année, que l'éclair, la foudre, la pluie, l'ouragan y deviennent le vœu suprême.

Quand enfin la nue tend ses crêpes livides, la Terre, aussitôt, se plaint des injustices de l'homme. Rien pour arrêter la dévalée des flots d'orage ; pas un gazon, pas une souche ; tout le déluge court à la plaine en ravageant la montagne; c'est moins de l'eau qui passe que de la bouillie de continent.

Pour arrêter un peu de l'élément de vie, seul capable de féconder les plaines en l'absence de pluies régulières, on a levé des digues derrière lesquelles refluent les eaux de tempête. Le plus puissant de ces murs, long de 459 mètres, haut de 34, barre l'Habra des Oranais. En construi-

TORRENT AMÉLIORÉ PAR DES BARRAGES.

Pour empêcher la ruine de la montagne par les torrents, on en arrête le cours par des barrages fort coûteux ; on ralentit ainsi la descente précipitée des crues ; la malfaisance de la trombe d'eau en est diminuée; les berges sont moins attaquées par la violence du flot, elles sont moins minées, elles s'écroulent moins; les rocs, la terre, les débris divers sont ralentis dans leur marche rapide. Ce ne sont là que des palliatifs ; le seul salut du mont est dans le reboisement.

sant ce môle calculé pour 30 millions de mètres cubes à répartir sur une zone arrosable de 25.000 hectares, on a méconnu la loi première de la météorologie du Moghreb (1).

Cette loi s'exprime ainsi : « En fait de pluies,

à l'issue de tel ou tel bassin. On s'était dit : « En ce lieu de son cours l'Habra peut atteindre de 1.000 à 1.200 mètres par seconde au plus; maçonnons en conséquence ». L'oued dépassa le volume que les ingénieurs lui avaient con-

BARRAGE DE PERRÉGAUX (Algérie).

En barrant une rivière l'on crée ou l'on rétablit un lac, réserve où l'on puise pour l'irrigation dans les pays assoiffés en été. Malheureusement ces bassins artificiels s'envasent très vite et il est très difficile et très coûteux de les dévaser

il n'y a pas de loi dans le pays de l'Atlas. » Nul ne peut assurer que jamais un typhon ne versera plus de tant de mètres cubes par seconde

(1) Moghreb, le couchant, l'Occident : nom que les Arabes donnent à la région qui comprend la Tunisie, l'Algérie et le Maroc.

senti; il renversa son mur et il fallut en bâtir un autre plus solide, en résistance à de plus vastes crues. En quelques années l'envasement a déjà diminué de près d'un tiers les 30 millions de mètres cubes de la contenance primitive. En cette même Oranie, le réservoir du Tlélat n'a plus que 240.000 mètres de contenance utile, au lieu de 717.000 de l'ampleur première; et celui de la Djidiouïa, capable de 700.000 mètres cubes au début, l'est à peine aujourd'hui de 70.000.

même un humble torrent peut en quelques décades d'années, combler un lac artificiel si l'homme ne persiste pas à le dévaser autant que l'eau des trombes à l'atterrir.

Le Canal du Midi ou Canal des Deux Mers

BASSIN DE SAINT-FERRÉOL (Haute-Garonne).

Le môle qui retient ces millions de mètres cubes est triple : trois murs d'une puissante maçonnerie le composent, laissant entre eux deux intervalles bourrés de cailloux et de terre. Il a 800 mètres de long et, les intervalles compris, 120 mètres d'épaisseur.

Il y a trente à quarante ans, quand on s'enthousiasmait pour ces gigantesques barrages, on ne soupçonnait pas combien l'arbre emprisonne l'eau dans les mailles infinies du réseau de ses racines. On savait que le Rhône a créé la Camargue et l'on n'en déduisait pas que de

nous offrait pourtant un saisissant exemple de l'éphéméréité des réservoirs où s'emmagasine le ruissellement des terres perméables nues, en même temps que de la durée des bassins où n'arrivent que les flots venus des forêts par des lits imperméables.

Quand Riquet creusa son canal de jonction des deux mers, la difficulté ne fut pas pour lui de trancher la terre meuble du Lauragais; pas plus que d'avoir raison de la pente du sol, presque plat sur le versant de la Garonne comme sur celui de l'Aude. Mais il n'y avait pas de belle eau courante, au bief de partage du col de Naurouze; au loin, dans tout le pays, rien que des rus impuissants, rapidement effacés du sol par la sérénité d'en haut.

Il emprisonna des torrenticules de la Montagne Noire dans des lacs artificiels, dont l'un vraiment superbe, l'illustre bassin de Saint-Ferréol (6.374.000 mètres cubes); il en anima sa Rigole de la Montagne qui, réunie à la Rigole de la Plaine, pourvut un autre lac fait de main d'homme, à côté du seuil d'entre l'Aude et la Garonne dans la campagne de Naurouze. Celui-ci, le bassin de Naurouze, n'existe plus depuis longtemps : les boues et limons l'ont comblé sur sa haute plaine où le vent fait rage; l'eau, chargée de troubles, a tué le réservoir qu'elle était chargée de faire vivre. Le Saint-Férréol, au contraire, est resté tel quel parce qu'il se fournit à des ondes vives distillées par les hêtraies de la Montagne Noire.

LE VERDON, A LA SORTIE DES GORGES.

Ces îles, ces bancs de sable, ces graviers sont le dépôt des parcelles enlevées par le Verdon aux roches qui l'encaissent. Ces roches, ces montagnes étant nues, ni les arbres, ni les gazons ne protègent le sol, et le sol s'effrite, s'émiette, et ses débris sont entraînés par le torrent. V .p. 70.

LIVRE IV

LES RIVIÈRES

1. MILLE RUS, UNE RIVIÈRE. — Fleuve allemand, hongrois, serbe, bulgare, un peu turc, et roumain, le Danube est le second courant de l'Europe en longueur, en étendue, en volume ; il ne le cède qu'à la Volga, rivière russe bien moins variée que lui. Il passe entre des montagnes, hume des torrents des Alpes, des Carpathes, des Balkans, coule devant l'impériale Vienne, la royale Budapest, s'égare dans les plaines de la Hongrie, de la Roumanie et finit dans la Mer Noire après un voyage de sept cents lieues.

Il commence par deux torrents de la Forêt Noire, courant avec les vivacités de l'enfance entre des monts arrondis, à l'ombre des sapinières. Devenu rivière, il passe devant le château princier de Donaueschingen dont la cour laisse échapper un ruisseau, et ce ru minuscule impose son nom au fleuve qui marche vers orient à la découverte du monde.

On conte qu'un jour un bourgeois de Vienne arrêta, du pied, l'épanchement de la source princière : « Les Viennois, cria-t-il, riront jaune quand ils verront leur Danube à sec ! »

Nous faisons un peu comme lui quand nous disons : la Seine prend sa source en Bourgogne, à 471 mètres d'altitude, aux environs de Saint-Germain-la-Feuille, village officiellement nommé « Saint-Germain-Source-Seine ». Ou : la Loire a son origine en Languedoc, à 1.375 mètres au-dessus des mers, au pied du Gerbier-de-Jonc, pic phonolithique. Ou : la Garonne débute en Espagne, en Val d'Aran, à 1.872 mètres. Ou : le Rhône commence en Suisse au glacier du Rhône, à 1.753 mètres.

Un fleuve n'a pas une source, il en a des milliers, même des centaines de milliers quand c'est un courant de la taille de l'Amazone, du Congo, du Rio de la Plata. A la rigueur peut-on dire : la « source » quand il s'agit d'une rivière imprévue, qui, dès son ébranlement, manifeste toute sa puissance : telle la fille seigneuriale du Bouillant et du Dormant ; telles encore la Sorgue du Vaucluse ; ou le Timave, l'Ombla, la Riéka de Fiume et maint autre tributaire de l'Adriatique mort aussitôt que né dans un fond de roche, au pied de la stérile rangée des Alpes Illyriennes.

En dehors de ces rares courants, tous les fleuves, toutes les rivières comptent parmi leurs sources toutes les fontaines dont elles boivent les eaux ; le dernier surgeon qu'elles anéantissent leur importe autant, souvent plus, que le premier. De la Seine, par exemple, il faut dire qu'elle doit l'être à la Bourgogne, au Morvan, à la Lorraine, à la Champagne, à l'Ile-de-France, à l'Orléanais, au Perche, à la Normandie.

2. Accidents de la vie des rivières. — La nature se rit de nos mots, de nos distinctions, de nos définitions, de nos catégories. Pas un torrent qui ne s'apaise entre temps et ne glisse mollement comme une rivière ; pas une rivière qui ne s'irrite, au moins un peu, comme le

Voici des hêtres, des sapins, des prairies ; une eau fraîche se déroule, elle est calme, elle sourit, et une Arcadie sourit autour d'elle. On est sur un plateau pastoral qui finit par pencher parfois jusqu'au vertige et s'abattre sur le bas pays ; alors la rivière, jusque-là paisible

GORGES DU RHÔNE, A LA PERCÉE DU JURA.

Bien plus que la fameuse percée du Rhin, la percée du Rhône à travers le Jura réunit toutes les merveilles, les étrangetés, les terreurs des gorges de la montagne : le grand fleuve s'y réduit souvent à quelques mètres de largeur.

torrent, à de stricts passages entre les rochers.

Ce n'est pas toujours dans leur pays natal que les cours d'eau déploient leur colère, mais aussi bien au milieu, quelquefois à la fin de leur voyage. Cela dépend de leur pente, et des obstacles qu'il plaît au relief de leur opposer.

ou tout au plus un peu mutine çà et là, devient le torrent aux bonds éperdus dans les puits de l'abîme : en deux lieues, elle avait descendu de la hauteur d'une maison ; en deux autres, elle tombe de la hauteur des flèches d'une cathédrale ; après quoi, dans les terres basses, elle redevient tardigrade.

Très peu de grands courants ressemblent à la Saône; elle ne se courrouce, encore très peu, que dans son jeune âge, à peine sortie du berceau, à la descente des Faucilles, quand ses menues colères se bornent à rendre plus sonore un vallon silencieux. Dès qu'elle a seulement dix mètres entre rives, elle ne se presse plus; bientôt elle dort pendant cent lieues et ne se hâte un peu qu'au-devant de sa mort, quand elle approche du Rhône, son duc et maître.

Presque toutes les rivières mènent au contraire une vie accidentée ayant ses heures d'angoisse. Les grands drames, les gorges « insondables », les cascades arrivées du ciel, les courants fous, les gouffres sinistres, les roches empilées, les parois vertigineuses font la tragique horreur des passages en montagne ; et la traversée des collines, des plaines impose de durs travaux aux rivières des pays modérés, même à celles des plates campagnes. N'eussent-elles que dix mètres de pente, il leur faut les racheter par un courant plus vif, un rapide, naturellement suivi d'un gour ; les tertres se rapprochent, le courant avait 50 mètres de large, il n'en a plus que 15 ou 10, ou 5. Qu'on imagine une campagne aussi plate que celle des Flandres; ses rivières coulent, donc elles vivent, donc elles varient, peu ou prou, mais elles varient ; sans quoi ce serait l'eau morte des étangs.

Il y a cependant beaucoup de rivières très monotones, parce qu'à peine inclinées, juste assez pour bouger infinitésimalement; elles ressemblent à la Pegnitz des Bavarois, l'eau de Nuremberg dont Schiller a dit : « Elle coule comme à regret et seulement en vertu de l'usage. » A ces torpides, à ces inconscientes que rien, sauf les crues, ne réveille de leur catalepsie, la France peut opposer la rivière la plus bouleversée de l'Europe, le Verdon.

3. Le Verdon. — Malgré ce nom, la caractéristique du Verdon n'est pas sa couleur verte, mais sa fantastique randonnée dans des fonds d'abîme, à 300, 500, 700 mètres du fronton des falaises. Sachant que l'eau n'est jamais vaincue, cet affluent de la Durance s'est proposé de percer des lieues de rochers sous la lueur incertaine d'une prison qui ne voit jamais en plein ni le soleil, ni la lune; et il y a réussi. Tantôt le Verdon s'élargit entre deux grèves ; plus souvent il n'a que cinquante, même à peine 20 pieds de travers ; c'est assez pour les 5 mètres cubes de l'étiage minimum ; mais, quand le torrent s'avance avec 1.200.000 à 1.400.000 litres par seconde, il masque rochers, grèves, ouvertures d'antre ; il monte à 50, à 100 pieds; il apporte, il emporte, il déracine, il bouleverse ; surtout il arrache et il exporte hors des gorges ; il prépare le jour où le défilé sera devenu vallée, à une altitude moindre accommodée à celle de son val inférieur et à celle de la Durance.

Archimède a dit : « Donnez-moi un point d'appui, et je soulèverai le monde ! »

Il aurait pu dire aussi : « Donnez-moi une goutte d'eau qui coule éternellement, et je creuserai la Terre ! »

Ni le Grand Cagnon du Tarn, mondialement fameux et si digne de l'être, ni celui de l'Ardèche, ni les défilés du Lot, de la Truyère, du Célé, du Viaur, de l'Aveyron, de la Dordogne, de la Vézère, ni même la percée du Jura par le Rhône, encore moins celle du Rhin, trop vantée, rien ne vaut l'abîme du Verdon. Par malheur, on ne peut l'admirer en toute stupéfaction qu'au prix d'inouïs travaux et presque au péril de la vie (1).

4. Captures de rivières. — A contempler les montagnes inflexibles, les roches immenses qui dirigent les rivières entre des lignes de faîte perdues dans les nuages, on se fait une fière idée de la permanence des choses. Et précisément, ces rivières ne sont plus ce qu'elles furent.

Elles sont faites de pièces et de morceaux.

Des lignes de faîte secondaires, même de très hautes aigueverses (2) se sont usées, des roches

(1) Le Touring-Club de France s'occupe de rendre accessible une partie de ce cagnon sauvage.
(2) Mot nouvellement adopté, qu'on a pris à nos patois méridionaux ; il désigne la crête où l'eau (aygue) se verse sur deux pentes opposées ; c'est un équivalent de ligne de faîte.

ont cédé sur un point faible ; en vertu des lois de la pesanteur, les rivières qu'elles retenaient se sont jetées dans une vallée plus basse que la leur : alors, des deux vallées, l'inférieure a capté la supérieure, et avec cette vallée supérieure, elle a conquis le courant qui la remplissait des échos de sa voix joyeuse. Suivant l'expression consacrée, l'une des deux rivières a décapité l'autre.

La pluie varie d'abondance suivant les expositions du relief. Il est presque impossible que deux versants contraires d'une aigueverse soient également mouillés, tout au long de l'année, par la nue qui s'amoncelle ; la différence peut aller du simple au double, au quadruple, au décuple ; le versant marin est inondé, le versant continental sec à fendre : Tell et Sahara, Galice et Castille, et à un moindre degré la Norvège et la Suède. La face des monts, des coteaux qui regarde l'Océan s'érode donc deux, quatre, dix fois plus vite que la face contraire ; l'érosion prolonge en amont le réseau des rus du bassin où le ruissellement travaille avec le plus d'ardeur : un jour vient où la pluie ayant supprimé l'obstacle entre les deux vallées, la plus sèche est confisquée avec son courant. Simple affaire de pluie, et le nombre de siècles qu'il y faut.

Le plus ou moins de lâcheté des roches aide plus ou moins aux confiscations et captures : en roche tendre le relief s'use promptement, le sol se creuse plus vite, il appelle à lui, de siècle en siècle, les eaux qui coulent à des niveaux plus hauts, jusqu'au moment où la perte de substance ouvre aux eaux supérieures le chemin du val inférieur.

Une capture en terre meuble, en campagne unie, peut être le fait d'un moment ; il y suffit d'une crue qui laboure la terre. Une confiscation en terre compacte exige des dizaines de milliers d'années ; l'issue est la même : la Meurthe attire la Moselle et l'enlève du bassin de la Meuse pour l'amener au bassin du Rhin. A bien chercher on en trouverait mille exemples : on peut croire que la plupart des fleuves évoluent dans une suite de vallées confisquées.

5. LES LACS, LE LÉMAN. — Le grand contraste avec les flots véhéments, c'est la coupe immobile, le lac, miroir du ciel.

Un torrent grondeur se tait dans un ovale, une rondeur bleue, verte : c'est qu'un lac, un laguet (1) l'arrête. De cette coupe, l'ève, entrée sale, ressort pure, elle y a laissé descendre au fond la bourbe de son flot. Les courants louches qui enlaidissent maintes vallées des Alpes n'offensent le regard épris du vert de la prairie, du bleu noir de la forêt, de la candeur des neiges, que pour n'avoir pas rencontré en route quelqu'un de ces bassins épurateurs qui rassérènent l'eau laiteuse des arvérons.

Ainsi, faute de lacs, le Rhône valaisan, que plus de deux cent cinquante glaciers accroissent, déshonore sa vallée par la laideur de ses eaux. Il arrive, gris ou jaune et jamais pur, au Léman, qui le change du tout au tout, en remplaçant à lui seul les cent laguets qui auraient limpidifié les cent torrents de ses mers de glace.

Il la fait aisément, cette épuration, car, lac le plus grand de l'Europe occidentale, près du Mont-Blanc, premier des pics européens, il dispose de près de 89 milliards de mètres cubes pour laver l'eau fangeuse du Rhône. Puisqu'il lave il se souille ; il s'encrasse ; il diminue d'autant ; et puisqu'il diminue il tend à disparaître. Devant la mer bleue qu'est le Léman, entre 175 kilomètres de rivages, et songeant à ses 58.236 hectares, à sa profondeur moyenne de 135 mètres, à ses 312 mètres d'extrême abîme, nous prédisons au lac de Genève une existence indéfinie.

C'est trop croire à la durée des choses terrestres que d'assurer des flots immortels à un lac, même au lac de Genève, même aux océans, parce qu'ils sont moins éphémères que la race humaine. Un lac est un phénomène de quelques instants : le temps de s'effacer sous les rocs, les graviers, les sables, alluvions, dégringolades et débris des hauts lieux. Le Léman a peut-être perdu 55 kilomètres de sa longueur d'amont, à partir des environs de Sion, la capi-

(1) Laguet ou laquet répond à petit lac.

tale du Valais, et très certainement 18, depuis l'étroit de Saint-Maurice. Maintenant il ne se raccourcit guère, mais il s'ouate en son fond par la descente obscure des parcelles de la boue : c'est par-dessous qu'il s'amoindrit ; chaque année de sa vie présente enlève de l'espace à comme tous les puissants, si tyrannique et si fou. Plus il cognera l'arbre de la cognée du bûcheron, et plus il fera du ruissellement de la forêt, des prés-bois, des pelouses, le ruissellement instantané qui tripatouille la montagne et la transporte ailleurs (ici : dans le Léman).

LAC DU PORT DE VENASQUE, LUCHON (Haute-Garonne).
Ces lacs de la haute montagne sont destinés à disparaître avant longtemps ; ne se maintiendront quelques siècles encore que ceux dont les monts d'enceinte sont de roches dures et solides; encore mieux ceux dont les arbres de la forêt consolident les versants

son volume ; on n'ose plus lui garantir que 64.000 ans jusqu'à l'effacement total de son abîme indigo.

Ces 64.000 révolutions de la Terre autour du Soleil pourront s'abréger de plusieurs milliers ou s'allonger d'autant selon qu'agira l'homme devenu si puissant dans la nature, et

Mais aussi plus il épargnera la selve, et surtout s'il l'étend, et plus il fera de la débâcle subite la distillation patiente qui augmente le volume des torrents en même temps qu'il en décrasse l'impureté.

Quand de petites mers d'eau douce comme le Léman, le lac de Constance, le Bourget, l'Annecy n'ont devant eux que des centaines ou des dizaines de siècles d'existence, que promettre de durée aux laguets, aux coupes charmantes de la demi-montagne, aux sombres abîmes de haut mont, sortes de puits où croulent des ro-

la nature, qui travaille à les rétrécir dès le premier jour, ne souffrira pas qu'ils soient épargnés. Ce qui les sauve, c'est l'exiguïté du cirque incliné vers eux : un lac où ne tendent que dix hectares reçoit infiniment moins de débris qu'un

LAC D'ISSARLÈS.   *(Cliché Boulanger.)*

On dirait que la nature a créé ce lac pour que l'homme y puise chaque année quelques dizaines de millions de mètres cubes au profit de la Loire supérieure. Quelles richesses nouvelles, mais aussi quel danger si l'Issarlès, irrité du travail des ingénieurs, trouvait une fissure et se précipitait soudain dans la vallée !

chers? Quelques-uns ne vivront plus seulement cent ans : ils ont deux cents, trois cents pieds de profondeur, presque noirs par cela même plutôt que bleus ou verts; mais la fonte des neiges leur apporte fatalement quelque peu de la substance des sierras; les pentes s'éboulent autour d'eux;

Léman vers lequel près de 800.000 hectares descendent.

Ainsi les lacs payent de leur existence la sublime transparence des Rhônes. Le seul lac durable est la mer : n'étant pas locale, mais universelle, elle évolue comme elle veut, avance ou recule, gardant toujours dans son intégrité le volume que lui impose sa loi ; le lac est enchaîné par ses rives prochaines ; là où il est né, là il faut qu'il meure.

6. L'ISSARLÈS, LE PAVIN. — On n'a rien à craindre d'un Léman, solidement enchâssé dans sa roche entre des monts : son seuil peut s'abaisser de quelques pieds, mais non se rompre à de telles profondeurs que ses 89 milliards de mètres cubes s'élancent en tempête, marée comme le monde n'en a jamais vue, sur le Dauphiné, le Comtat et la Provence. Il y faudrait la cassure d'un morceau de la France du Sud-Est.

Plus dangereux que les lacs qui s'effacent lentement du Globe, sans rupture possible de la coupe où ils se sont endormis, sont ceux qui pourraient se vider soudain, par déchirement jusqu'au fond de leur abîme.

Aucuns d'aussi périlleux pour l'aval que ceux que la nature a déposés en haut lieu, sur la montagne, dans les chaudières de l'ère volcanique.

Ainsi l'Issarlès et le Pavin, tous deux dans le le bassin supérieur de la Loire. Quelle désolation dans la vallée qu'ils menacent s'ils imitaient le réservoir de Bouzey, lac artificiel de 7.100.000 mètres cubes ! Sa digue creva, et la réserve destinée aux éclusées du canal de l'Est s'abattit en vague de mort sur la vallée de l'Avière, tributaire de la Moselle.

Ce que peut faire une avalanche d'ève, on l'a vu en juillet 1892, quand céda la glace qui retenait un tout petit lac intérieur du massif du Mont-Blanc, dans les frimas de Tête-Rousse ; simple poche d'eau, mais qui tomba de très haut comme la foudre et détruisit 150 personnes dans le val de Saint-Gervais.

Au bas des roches rouges de l'antique volcan de Cherchemus, l'Issarlès pend d'environ cent mètres, juste au-dessus de la Loire naissante. Qu'une brèche le fende et ses 90 hectares sur 108 à 109 mètres de creux enlèveraient trente lieues de pays. Le célèbre Pavin, qui sommeille dans le cratère du Montchal, volcan refroidi, menace de l'eau de ses 44 hectares, profonds de 92 mètres, la ville de Besse, les gorges de la Couze et, à partir d'Issoire, la plantureuse Limagne, des deux rives de l'Allier. Le cratère de Bar aurait pu devenir le fléau du bassin du Puy-en-Velay, qu'il méprisait de si haut ; son lac a disparu, l'histoire ne sait comment, et des hêtres ombragent les parois de la coupe.

7. LACS DE DÉCANTATION. — La France commet en ce moment une erreur qui touche au crime. A des spéculateurs insoucieux de l'harmonie des choses, de la beauté des monts, de la permanence des eaux, elle permet d'abattre en toute hâte de vastes forêts dans le sierra, notamment les sapinières les plus merveilleuses des Pyrénées. Cela à l'instant précis où elle exhausse le niveau de maints lacs pyrénéens.

Le Midi gascon, languedocien et provençal n'aura jamais assez d'eau pour ses champs, ses rivières, ses canaux, ses moulins, ses industries. Nous bâtissons, de-çà, de-là, des digues titaniques, pour créer des barrages-réservoirs, lacs artificiels : alors, pourquoi ne pas profiter des barrages-réservoirs naturels que sont les lacs ?

On a donc décanté quelques lacs pyrénéens par des siphons après en avoir élevé le niveau pour en accroître la contenance ; on en a versé les eaux dans des canaux courant aux rivières qu'ils doivent augmenter, sinon même en réalité créer, comme c'est le cas en pays de Lannemezan. Là passent des fossés de sécheresse où les crues seules apportent de l'eau. De l'un d'eux qui, long de 45 lieues, donne à un département son nom, le Gers, on avait pu s'étonner d'y trouver un rat d'eau et prétendre sans rire que ce malheureux était mort de soif. Aujourd'hui cette indigente et ses compagnes de droite et de gauche sont de vrais courants, grâce à la dérivation de la Neste, beau torrent pour lequel on utilise quelques lacs pyrénéens de haute altitude.

Œuvre vaine avant longtemps cette décantation si, toutes sapinières abattues, les flancs du Néouvielle et autres Pyrénées s'abattent dans le gouffre de ces ronds transparents d'eau froide : il ne faut pas un monde de débris pour emplir les laguets cachés dans les gorges supérieures de la Neste de Couplan et de la Neste de Clarabide. Dix siphons vidant annuellement dix lacs au-dessus de la prise d'eau ne valent point pour la pérennité des torrents dix mille hectares rendus à l'ombre sylvestre.

Les lacs surélevés auxquels le canal de la Neste demande un supplément de dotation ne contiennent ensemble qu'un peu plus de 22 millions de mètres cubes. A supposer qu'on les vide jusqu'à la dernière goutte, ce n'est que 700 litres par seconde de plus dans la moyenne de l'an, ou moins de 3.000 pendant les trois mois où la Neste est insuffisante.

On nous raconte que ce torrent ne roulait jamais moins de 10 mètres cubes, alors que présentement il descend fort bien à 5, ou 4, peut-être même un peu moins. Les mesures d'autrefois furent peut-être inexactes, les calculs outrés, mais il ne semble pas douteux que la Neste a sensiblement diminué depuis cinquante ans. Ont également décru les petits glaciers qui s'inclinent vers elle.

8. INCESSANTS AVATARS DES RIVIÈRES. — Suintements et ruissellements, sources, ruisseaux, torrents, grandissent les rivières; de confluent de rivière en confluent de rivière naît le fleuve, et le fleuve s'anéantit dans la mer qui le guette.

Une rivière ne reste jamais la même; chaque nature de sol la transforme, chaque lieue vers la mer la modifie, chaque tributaire l'altère à sa façon.

On ne s'aperçoit bien de ces changements qu'à de rares rencontres de cours d'eau issus de contrées disparates : quand une des deux rivières vient des granits, l'autre des oolithes; ou lorsque celle-ci s'avance en onde lucide, celle-là en reflet noir; ou quand un ru permien couleur de sang tombe sur un ru clair, soit parce que ses calcaires, ses craies l'ont distillé, soit parce que ses gneiss, ses granits, ses schistes micacés ne lui ont pas envoyé de particules colorantes.

Le plus renommé confluent de courants discolores chez nous, ou du moins tout à côté de chez nous, et dans un pays où l'on parle comme chez nous, c'est la confusion du Rhône et de l'Arve.

Le Rhône terreux du Valais perd sa terre dans le bain du Léman; puis, de ce qui fut pendant quinze lieues son tombeau il sort à Genève, transfiguré, superbement limpide et resplendissant de jeunesse. Tout aussitôt il voit venir à lui la fille du Mont-Blanc, l'Arve aussi sombre que sont de blancheur immaculée les névés de son origine. C'est le jour contre la nuit.

Ni le jour ni la nuit ne triomphent; tous deux meurent après quelques minutes d'une guerre où les deux ondes se pénètrent, l'Arve à gauche, le Rhône à droite, parfaitement reconnaissables dans la mêlée à leur couleur différente. A vrai dire, la plus faible, l'Arve remporte la victoire : elle salit le Rhône, et le Rhône ne la purifie point; c'en est fait de la diaphanéité du fleuve de Genève.

Il est très rare que l'un des deux cours d'eau d'un confluent ressemble exactement à l'autre ; s'ils ne sont pas absolument discolores, la rivière qui résulte de leur fusion a tout l'air d'être pareille à ses deux composantes. Mais, de toute évidence, il ne se peut qu'en aval de la rencontre d'un tributaire notable le courant d'aval continue absolument le cours d'eau d'amont; il le prolonge comme apparence, comme sillon courbe tracé par l'eau, mais il ne le prolonge pas comme substance, comme réalité : il est devenu le fils, mais il n'est resté ni le père ni la mère.

Notre climat modéré, nos pluies régulières, la permanence de nos courants voilent en France cette perpétuelle transformation des eaux courantes. 5.000 litres versés dans une rivière de 5.000, de 8.000, de 10.000 litres s'y perdent dès la rencontre en nom comme en existence visible. Mais, dans les régions de pluies inconstantes, de longues saisons sèches, dans notre Afrique du Nord, par exemple, les rivières se continuent moins que chez nous.

Elles sont lacunières. Aussi, fort sagement, les Arabes de leurs rives leur donnent-ils un nouveau nom à chaque rencontre d'affluents qui les ravivent ou en changent manifestement le

L'ARVE AU PONT SAINTE-MARIE (Haute-Savoie)

Cette rivière violente peut descendre à 17 mètres cubes par seconde, quand les glaciers ne fondent pas, mais sa moyenne est du 160; ève impure comme il convient à un torrent qui boit les « arvérons » de près de 20.000 hectares de frimas éternels.

caractère. Tel « oued » prend successivement chez eux cinq, dix, douze, quinze noms : de Ru Froid, il devient Ru Chaud à l'embouchure

d'un courant thermal; Ru du Fer après un tributaire ferrugineux; Grand Ru quand il s'étale en plaine, ou seulement quand il fait tourner un moulin, ce dont il serait incapable en amont, etc. Le Nil pourrait recevoir successivement cent noms; la Loire une bonne douzaine ; la Seine elle-même, si peu férue d'aventures, ne s'appellerait pas la Seine de sa source à son embouchure.

Si les Arabes habitaient ses rivages, elle serait de ses fontaines originaires à Châtillon, la Rivière des Rochers, d'après les petites falaises qui lui envoient des douix. Au-dessous de Châtillon, ce serait la Rivière de la Source, d'après la célèbre « Douix » qui la ranime en été lorsque parfois le fleuve arrivé là ne roule plus une goutte d'eau. A sa traversée de la Champagne, ce serait la Rivière des Larges Plaines; près de Fontainebleau, la Rivière de la Forêt ; à Paris, la Rivière des Ponts ; en Normandie, la Rivière des Méandres ; et d'autres noms encore.

Dans la réalité des choses, ces noms s'appliqueraient moins au fleuve de la Seine qu'aux particularités de son cours; mais en pays anhydre la rivière meurt à chaque instant; il n'y a souvent dans son lit que l'eau qu'un affluent vient d'y apporter, puis cette eau sèche, filtre, disparaît, et c'est un nouveau tributaire qui rend la vie à l'oued inanimé.

En France, sauf en terre méditerranéenne, presque toutes nos rivières existent d'un bout à l'autre comme nous-mêmes de notre naissance à notre mort, bien que nous changions incessamment de corps, d'esprit, de désirs et de volontés.

9. LES TROIS « ION » : FILTRATION, ÉVAPORATION, IRRIGATION DES RIVIÈRES. — Les rivières ne croissent pas toujours de l'amont à l'aval, comme l'admet le populaire. Beaucoup ont plus de flots à leur arrivée en plaine qu'à dix lieues plus loin. Sans les confluents qui les soutiennent plusieurs sécheraient en route, par la vertu des trois ion : la filtration, l'évaporation, l'irrigation.

Aucune d'elles ne convoie la somme des volumes de tous les courants de son bassin. Au terme de sa course, quand on contemple une eau de vingt à trente mètres de largeur sur deux à trois de profondeur, et qu'on se remémore le nombre incalculable des sources de son bassin, l'on ne comprend pas que tant de forces coalisées ne dégagent qu'une si faible puissance. C'est que la moitié, les trois quarts, plus encore, se sont perdus en chemin : le sol, les plantes, le soleil s'en sont emparés.

L'ève ambitionne de toujours descendre. Elle profite de toute lacune pour passer du sol au sous-sol. Toute rivière tend à devenir un Styx, mais n'y réussit aisément qu'en roche lâche, en terre buvante. En terre compacte, elle rogne plutôt et s'abaisse d'autant, mais là il lui faut des siècles comme ailleurs des années.

Les courants des terrains meubles, pour le dire et le redire, s'infiltrent et diminuent par dessous. Quelquefois ils se dédoublent et la rivière qui garde le nom est réduite de moitié;

quelques-uns s'engouffrent jusqu'à la dernière goutte, comme la Tardoire et le Bandiat.

Si ces courants ne sont bus qu'en partie, l'onde ingurgitée suit la coulière et se régurgite plus bas sous formes de doux, de bouillidours, de gours revenant à la rivière qu'ils ont abandonnée. Pas toujours cependant : une fois sous terre, l'eau, ne s'inquiétant plus des convenances du relief supérieur, n'obéit plus qu'aux nécessités de la plastique inférieure; elle suit son joint d'entreroches, ses corridors étouffés, passe dessus ou dessous la pierre, ou autour. De la voûte plus que noire de l'antre, elle passe à la voûte plus que brillante des cieux, là où il a plu à la pente souterraine de la ramener au plein air, et parfois dans un autre val que celui auquel elle semblait inféodée. Ainsi le Nées, l'Auvézère, la Serre, le Doubs, et, hors de nos frontières, le Danube.

Le Gave du Saut de Gavarnie, le Gave de Pau s'arrête à Lourdes devant une colline dont les terres ont cimenté les roches de l'antique glacier d'Argelès. Ce fleuve pesant, de 50 kilomètres de long, partait des Pyrénées aussi hautes que présentement les Alpes; il finissait à un arvéron aussi supérieur à celui de Chamonix que la masse du champ de frimas d'Argelès était supérieure à celle de la Mer de Glace du Mont-Blanc. De cet arvéron naquit la grande plaine de la Bigorre, avant le détournement du torrent vers l'horizon de l'ouest.

De même l'arvéron du glacier d'Ossau, qui était d'abord le torrent de Pau et d'Orthez, fléchit vers l'occident devant l'énormité de sa moraine et devint l'une des deux branches mères du Gave d'Oloron.

Ainsi, témoignage invincible du néant des formes, le Gave de Pau courait jadis dans les campagnes de l'Adour, le Gave d'Ossau dans la campagne orthésienne, et les champs oloronais étaient alors le val du Gave inauguré par l'arvéron du glacier d'Aspe. « Ote-toi de là que je m'y mette! » n'est pas seulement le cri des arrivistes; c'est la devise de l'Univers.

Après tant de siècles, le Gave d'Ossau pro-

6

teste encore contre sa dépossession. A Sévignacq, un gouffre lui soutire un à deux mètres cubes suivant le temps et cette dérivation d'un

dont la riviérette atteint le Grand Gave près de Pau : de l'enfouissement à la résurrection il y a 87 mètres de pente pour moins de 5 kilomètres en droite ligne.

L'Auvézère, courant brunâtre des gneiss et micaschistes limousins quelque peu rougi par des rus permiens, se coupe en deux à Cubjac, dans l'oolithe du Périgord. A gauche, le flot continue sa route sinueuse vers l'Isle, rivière de Périgueux ; à droite, il entre dans l'ombre par l'arche d'un moulin, sous un dos de colline aux maigres taillis, aux terres cailloutenses. A une lieue de son internement, il se délivre au gour de Saint-Vincent, petit lac d'où sortent, au minimum, 1.000 litres d'eau par seconde immédiatement conquis par cette même rivière de l'Isle.

Dans le Sud-Ouest, le mot « Souci » désigne un gouffre d'absorption ; ainsi le moulin sous lequel l'Auvézère se dérobe à la lumière

GAVE D'OSSAU, AUX EAUX-BONNES (Hautes-Pyrénées).

De même que la Neste tourne à l'est, devant l'obstacle que lui oppose la moraine de son antique glacier natal et le Gave de Pau à l'ouest ,de même le Gave d'Ossau se détourne vers l'occident devant sa vieille moraine deBuzy.

beau torrent (car ce Gave est une onde pure, fraîche, rapide, aventureuse) court sous roche jusqu'au Goueil du Néés, superbe bouillidour

s'appelle moulin du Souci ; et Creux du Souci le trou par où la moitié de la Serre s'introduit dans la nuit. Cette riviérette imite l'Auvézère :

le bras de gauche reste visible et continue sa descente vers l'Aveyron ; le bras de droite reparaît outre coteaux par un affluent du Lot.

Le Doubs s'inhume en pertes successives à l'aval de Pontarlier ; des eaux qu'il a perdues il récupère directement une part, à des sources d'aval ; indirectement l'autre part, outre monts et plateaux, à la gueule de caverne d'où la Loue tombe en cascade au pied d'un roc immense.

Le Nèès perdu se retrouve dans son bassin du Gave de Pau ; l'Auvézère disparue, dans son bassin de l'Isle ; la Serre escamotée, dans son bassin de la Garonne ; le Doubs englouti, dans son propre bassin ; mais le Danube attiré dans la profondeur reparaît hors de chez lui ; l'onde qu'il a la faiblesse de laisser fuir en dessous ne le rattrape point pour l'accompagner jusqu'à la mer Noire, elle s'unit au Rhin pour le suivre jusque dans la mer du Nord.

Le Danube n'est encore qu'un vif et clair torrent lorsque, dans le Grand-Duché de Bade, son pays natal, vers Immendingen, il passe à travers le crible du sol ; quand les pluies lui ont longtemps manqué, il se vide tout entier. A quelques lieues au sud-sud-est, il reparaît par les fontaines de l'Aach, rivière bleue de plus de cinq mètres cubes par seconde qui se perd dans le lac de Constance, lequel est, comme on sait, le léman du Rhône.

Voilà comment la grande filtration traite les rivières auxquelles elle s'attaque. La petite filtration ne les désorganise pas autant, il va de soi ; mais elle absorbe plus d'eau qu'on ne croirait. Sous chaque courant de surface qui serpente en région poreuse coule un autre torrent qui, n'étant pas contenu par des berges, se répand à droite, à gauche, et, descendant jusqu'à la couche imperméable, se manifeste au fond des puits de la plaine. Dans les pays où les rivières coulent encore à plein bord en été, l'on ne se rend pas très bien compte de la déperdition. Mais dans les régions de pluies mal distribuées on en a sous les yeux la preuve manifeste.

Soit en Afrique française un large lit d'oued, une grève ardente, un sable qui brûle les pieds ; on n'y voit pas plus d'eau que sur le cailloutis du chemin ; pourtant l'oued coule, parfois même en abondance, et l'onde en est fraîche. Le paysan ne l'ignore, qui creuse un trou pour boire, et les colons le savent, qui barrent le lit par une muraille allant jusqu'au sol étanche et font ainsi remonter le courant sur leurs terres assoiffées.

10. L'ÉVAPORATION.— En toute justice, on ne peut reprocher ces disparitions aux rus, rivières et rivierettes ; elles soustraient l'onde à l'évaporation, elles sont comme le trésor précieux auquel puisent maintes fontaines, elles activent en dessous la noble poussée des arbres.

Certains cours d'eau diminuent latéralement en s'extravasant dans les coulées, les fausses rivières, les marais des campagnes plates, les noues ou prairies mouillées dont la pâle lune éclaire le froid brouillard et qu'on frissonne à traverser aux premières heures du matin.

Cette dispersion des eaux ne porte aucun tort à la rivière dont elles procèdent. Au contraire : l'ève se maintient mieux dans la fraîcheur des coulées étroites, sous les arbres entremêlant leurs rameaux que dans le large lit moins ombragé de la rivière ; l'herbe du palus, de la noue la garantit mieux du soleil et les rus qui s'en dégagent ramènent plus bas l'onde indocile à sa rivière.

L'évaporation au soleil se complique d'un quatrième ion, qui est l'ascension de la sève. Rien que pour entretenir de suc les millions de feuilles des arbres du rivage, les herbes des prairies, une rivière consomme d'innombrables gouttelettes. C'est là de l'irrigation spontanée. L'arrosage artificiel, quand il s'empare d'un cours d'eau, l'appauvrit bien plus ; il consomme surtout les cours d'eau des régions accablées de soleil où l'évaporation l'emporte sur l'humidité.

11. L'IRRIGATION. — En Espagne, en Algérie, même dans la France méditerranéenne, on contemple souvent avec stupeur de prétendus fleuves où l'on ne voit que des sables, des cailloux, de l'espace, du vide, et pas d'eau. Celle-ci

n'en existe pas moins. D'abord il en coule par-dessous ; ensuite, et surtout, on l'a confisquée en amont ; on a pris 100, 1.000, 10.000 litres à la seconde, selon le pouvoir de la rivière et l'étendue des terres à féconder : étendue presque toujours très supérieure aux possibilités. A des flots ainsi détournés, doivent beauté, luxuriance, peuplement et surpeuplement les fameuses huertas et vegas (1) espagnoles et certaines campagnes du Sud-Ouest de la France. Les « jardins des Hespérides » de l'antiquité n'étaient que des campagnes profusément arrosées.

Chez nous, sous le ruissellement de l'astre, le ruissellement de l'ève a fait des miracles. La Durance a transformé le désert de la Crau, champ de cailloux devenu verger jusqu'à la limite qu'atteignent les rigoles et rigolettes ; elle a répandu la fraîcheur et la vie ; elle a pourvu d'eau Marseille ; et l'on attend plus encore du Rhône, dix fois plus puissant que la Durance.

Ce maître fleuve fonce droit devant lui vers le sud, avec 2.000 mètres cubes environ par seconde : deux millions de litres ! A lui d'instaurer l'oasis à la place du steppe, au pied des Alpes, des Cévennes, des Garrigues. Au bas des Pyrénées, les torrents du Roussillon font déjà tout ce qu'ils peuvent avec leurs petits moyens. Plus à l'ouest, dix mètres cubes à la seconde fuient de la Garonne, leur lit naturel, pour animer les plaines du Toulousain. La Neste, amenée sur le plateau lannemezannais, éparpille sept mètres cubes entre dix-neuf rivières et rus descendus de cet immense cône de déjection, qui est un débris des Pyrénées. Une tranchée de moins de cent pieds de profondeur suffira pour ramener aux campagnes de la Bigorre une partie de ce Gave de Pau qui jadis y coulait en eau verte. Le canal du Forez prend cinq mètres cubes à la Loire ; la Bourne, admirable rivière dauphinoise née de superbes « goules » ou fontaines du rocher, consacre sept mètres cubes à la plaine de Valence.

(1) *Vega*, mot espagnol, signifie, comme *huerta*, une campagne transformée en jardin par les arrosages.

Rien ne s'oppose à ce qu'on imagine une France tirant enfin parti de tous ses éléments et, par suite, amenant l'eau d'arrosage à tous ses champs cultivables. Mais supposer qu'on puisse arriver à cette perfection sans avoir reboisé monts et plateaux, voilà ce qui ne saurait se comprendre.

Avant que de tracer le réseau de nos canaux d'arrosage, il faut que cent ans de pousses nouvelles en toute région propice aient fait oublier l'ère honteuse de la dilapidation. Il faut qu'il n'y ait plus de ces districts maudits, d'où l'on a chassé les arbres pour les remplacer par du blé qui sèche sur pied et du pré dont l'herbe meurt d'anémie.

Encore plus conviendra-t-il de réformer la mentalité des arroseurs ; souvent ni leur intelligence, ni leur science, ni leur sagesse ne dépassent beaucoup celle des bergers. Partout où l'on irrigue et surtout dans les pays chauds où toute vie a l'eau pour principe, on se dispute avidement l'ève, même les armes à la main. Souvent il y eut plus de sang autour de la source que d'onde en la fontaine.

Qui a droit d'user s'arroge le droit d'abuser ; mésuser jusqu'à l'extrême fut toujours et restera longtemps la passion des usagers de l'eau. Ils noient leurs jardins, leurs prairies sous un déluge ; ils mêlent, par trop d'arrosage, des joncs et des roseaux à leurs gazons ; heureux si la sécheresse jaunit les champs du voisin.

Dans les régions où la nature est comme morte hors de la portée de la source ou du torrent, sévirent de tout temps autant de guerres que pour la Belle Hélène ; car avant tout il faut vivre. Dans les contrées civilisées, on n'est arrivé — après combien de sang répandu ! — à pacifier les riverains des canaux d'arrosage que par un code rigoureux de répartition, droit écrit ou droit coutumier qu'on enfreindrait volontiers, mais on n'ose.

On ose quelquefois, même en France, au pays des procès-verbaux : ainsi, le long du canal d'Alaric, nom venu, dit la légende plutôt que la stricte histoire, d'un roi visigoth du v⁰ siècle qui en avait décrété le creusement. Il arrose le beau « Piémont » de la Bigorre, au pied de ces blanches Pyrénées que les pasteurs dénudent et stérilisent. Tiré de l'Adour dans la banlieue de Bagnères, il marche au nord pendant 58 kilomètres, avec cinq mètres de largeur, sur 380 mètres de pente; il rafraîchit des prairies nourricières de chevaux, des champs d'où s'élancent de superbes maïs, et « fait tourner, virer » une cinquantaine d'usines. Mais des 9.000 hectares arrosables, il n'en irrigue que 2.000. Ses riverains ne respectent pas plus les besoins de la plaine que tout près, là-haut, les pasteurs n'ont égard aux exigences de la montagne. C'est à qui réussira le mieux à léser le voisin, qui est ici soit le supérieur, soit l'inférieur dans le sens de la pente. Dans cette guerre d'injustice, c'est l'inférieur qui succombe; l'ève allant de l'amont à l'aval, l'homme d'amont la happe au passage. La force armée elle-même ne se décide pas à contraindre les récalcitrants, et le canal d'Alaric ne vaut pas ce qu'il vaut ; surtout ce qu'il vaudrait si son ève était moins pure. Pris à l'Adour, qui n'est ici qu'un clair torrent issu des sources, des laguets, tout près de ses origines et ne roulant pas encore de débris, il verse peu d'alluvions sur sa plaine.

Une eau trouble ne rafraîchit pas seulement les champs ; elle leur apporte les particules terreuses qui restaurent leur fécondité. C'est un prêté pour un rendu : l'humus violemment enlevé aux lieux d'en haut, vient s'incorporer aux lieux d'en bas. Le Nil donne à l'Égypte ce qu'il vient d'arracher à l'Afrique du Soudan et aux versants ardus des monts d'Abyssinie. En France, on préfère les flots de la bourbeuse Durance, niveleuse des monts, à l'eau transparente échappée de la fontaine de Vaucluse.

12. LES CANAUX NAVIGABLES. — Une autre cause contribue à la diminution des rivières, du moins en terre civilisée, c'est-à-dire industrielle et commerçante : l'industrie, le commerce, c'est bien là ce qu'on entend aujourd'hui par civilisation.

Tout comme les rivières naturelles, les canaux de navigation, rivières artificielles, ne peuvent vivre que d'eau courante. L'ève qui pourvoit à leurs éclusées leur vient de sources, d'étangs, de réservoirs, de rus et riviérettes; bref, comme l'homme ne fait pas l'onde, qu'il ne peut que la retenir ou la détourner, l'eau disciplinée qui remplit les canaux est empruntée à l'urne des eaux libres.

Un bateau de 85 mètres de long, comme il en évolue sur nos canaux de 2 mètres 20 centimètres de profondeur permettant aux embarcations un tirant de 1 mètre 80 centimètres, un simple chaland de cette petite grandeur transporte autant de charge que 110 wagons attelés à trois locomotives. A lui tout seul il égale donc en puissance de mobilisation un train de près d'un kilomètre de longueur.

A le voir si modeste, entre les berges de son canal, on a peine à croire que les hommes ou les chevaux, ânes, mulets, petits remorqueurs qui le halent vaillent l'énorme machine capable, dit Barthélemy, d'« entraîner un immense et turbulent convoi ». Devant une telle preuve d'utilité l'on ne peut proscrire les canaux au nom de la beauté des rivières qu'ils empruntent sur certains parcours ou qu'ils privent d'une part de leurs flots. Pareils aux chemins de fer, ils embellissent rarement leurs abords. Certainement c'est de l'ève, mais de l'ève amortie par des écluses, de l'eau géométrique, sans grâce, sans flexions, sans vie vivante par elle-même. Toute son animation lui vient de ses marins d'eau douce convoyant les bois, les pierres de taille, les moellons, les ardoises, les marbres, les minerais, la houille dont la poussière noire mêle à son reflet les teintes de la suie. De même que, par cas de force majeure, nous remplaçons le sentier de la pelouse par la route droite, blanche, ennuagée et poussiéreuse, ainsi nous faut-il remplacer l'onde errante par la géométrie étriquée des canaux.

13. ASSERVISSEMENT DES RIVIÈRES. — « Au temps où les bêtes parlaient », l'eau vagabondait dans la nature libre, à l'ombre des

bois ; le castor y bâtissait ses digues, l'ours, le
loup, l'aurochs, ou bœuf d'antan, venaient y
boire. A peine rencontrait-elle l'homme ; il ne
la salissait ni de ses immondices, ni de ses industries ; il ne l'enjambait point par des ponts ;
il ne la bordait pas de ses quais, de ses maisons où, au lieu des chanteurs d'autrefois, il n'y
a plus d'autres musiciens ailés que le serin et le
perroquet nasillard.

· Elle a dû s'accommoder à l'homme, qui prétend
à la souveraineté de la nature. Disons seulement : la suzeraineté, puisque la nature se ré-
volte souvent contre lui, que souvent elle le
terrasse et qu'elle nous menace toujours d'une
ruine qui, quelque jour, ira sûrement jusqu'à la
destruction.

Dans les régions industrielles, l'asservissement
de nos courants est complet ; on peut presque
dire qu'ils n'existent plus. Accrue d'affluents,
diminuée par infiltration, évaporation, sève
de plantes et des herbes riveraines, irrigation,
canalisation, la rivière descend devant elle, non
sans divaguer incessamment à droite, à gauche
et même en arrière. Elle a perdu la gaieté,
l'étourderie, la mutinerie, la turbulence de ses
premiers jours. La pente étant moindre, le
cours d'eau s'est calmé ; surtout on le calme.

A mieux dire, on enchaîne la rivière, on la plie
à toutes les besognes, y compris les ignobles et
les nauséabondes. On la souille par le « tout à
l'égout », on l'encrasse du déchet des usines, on
la corrompt par les liquides de l'industrie. Elle
était pure, du moins le semblait-elle et réfléchissait la gloire du ciel ; la voilà livide et des
bulles noires montent de ce qui fut le cristal
de la fontaine.

On ne lui laisse plus un moment de répit ;
seulement à son emprisonnement derrière la
chaussée des usines, à sa mort apparente jusqu'au seuil de l'écluse succède un instant de
délivrance, quelques minutes d'animation, de
vie « débondée » ; mais bientôt elle se ren-
dort : déjà la digue de l'usine d'aval arrête le
désengourdissement de l'eau. Ces usines sont
principalement des moulins à blé, mais toutes
les industries possibles profitent de la force

indiscontinue des rivières qui, vraiment, finissent pour la plupart par n'être plus des rivières
et par devenir, après la clarté de leurs origines, des biefs de souillure et d'intoxication.
La Deûle de Lille, entre autres, est réellement
une Brinvilliers ; elle répugne à regarder, il
convient de ne pas la sentir, encore plus de ne
la point boire. Heureux est-on qu'elle cache souvent sa honte sous les bateaux qui flottent
pesamment dans sa bourbe.

Certaines vallées, notamment dans les régions industrielles de la Normandie, peuvent
comparer la rivière chaste à la rivière conta-
minée, l'onde barbouillée étant la même que
l'onde pure, à des journées différentes. Durant
toute la semaine, l'usine à déjections travaille,
l'ève se moire de teintes louches ; ainsi en-
combrée de ce qui n'est pas elle-même, on se
demande comment elle peut se décider à couler
encore comme si elle était chose fluide. Le same-
di soir, les engins se taisent, l'usine meurt jusqu'au
lundi matin, l'eau renaît à la beauté de l'onde, elle
boit joyeusement le soleil et le ciel la contemple
avec amour

Parmi les travaux imposés aux flots courants,
il en est un que nul des amis de l'eau, c'est-à-
dire de l'arbre, c'est-à-dire de l'eau,
ne peut regarder sans un serrement de cœur :
le sciage des bois, doublé maintenant de l'énorme
industrie de la pulpe, de la pâte à papier ;
un journal mondial coûte la vie à deux cents
grands arbres par jour : 73.000 par an, toute
une forêt ! Dans les scieries, les pulperies, l'eau
prépare son propre néant. En dévorant les
forêts par millions d'hectares, elle réduit
d'autant les raisons qu'elle a de naître sous
le feutrage des feuilles et des aiguilles
sylvestres.

Si l'on ne règle leur grincement sur la capacité de leurs sapinières, hêtraies, chênaies,
châtaigneraies, les scieries attenteront rapidement à la majesté, puis à l'existence même
des forêts. Que n'a-t-on pas à craindre de l'activité
dévorante des scies en Suisse, en Norvège, en
Russie, aux Etats-Unis, et au Canada, le pays
éternellement regretté où les sapins s'en vont

en hiver, de moins en moins touffus, entre de longues neiges blanches, sur la route du pôle septentrional.

Au bran de scie qui encombre les rivières au-dessous de la pulperie, aux longs trains de pâte à papier qui partent des usines, on peut calculer l'énormité de la plaie infligée à la Terre par la destruction de ses bois. Or, le mal ne cesse d'empirer ; les Canadiens méditent d'asservir, pour cette même destruction sauvage des arbres, les formidables cascades de leur grand pays, comme le sont déjà les sauts de la Chaudière, de la Tuque, de Grand'Mère, de Chaouïnigan, de la Péribonka. Les Yankees, les Européens ont les mêmes ambitions.

14. LES EAUX SE DÉPEUPLENT.—Diligentes jusque dans leur nonchalance, dont les digues font comme une paresse invincible, les rivières broient toutes les substances, elles fondent les métaux, elles éclairent les villes. Esclaves de l'homme, elles font l'homme plus puissant que la nature avec l'aide de la nature elle-même.

Mais, par cela même, les voilà qui détruisent leurs habitants. Les poissons vont disparaissant, du fait des toxiques de la chimie industrielle ; jusqu'aux écrevisses qui ont fui les ruisselets, les humbles sources fraîches où elles se laissaient vivre, cachées sous les pierres.

Nés dans les doux, les fonts, les cressonnières, les poissons ne reconnaissent plus leur patrie dans l'innommable mélange des déchets usiniers, ils en meurent bien plus que des coups d'épervier ou des exploits du pêcheur à la ligne. Par surcroît, à la chimie des fabriques s'ajoute la chimie de la guerre.

Les braconniers des eaux dépeuplent les torrents et les rivières à la dynamite ; ils *dilacèrent*, ils tuent de l'explosion d'une seule cartouche dix fois plus de poissons qu'ils n'en prennent d'entiers pour la friture. Aujourd'hui, telle ville de bains de telle vallée pyrénéenne, au bord d'un gave jadis rayé de truites, va chercher ses truites en Espagne, à douze ou quinze heures de marche par-dessus les cols de la frontière.

15. LES CRUES DES « JUSTICIERS DE LA CONTRÉE ». — Cependant, la rivière voyage maintenant dans les larges campagnes. Elle va montrer toute la malfaisance dont l'ont rendue capable et coupable les crimes de l'homme envers la forêt, c'est-à-dire envers la montagne.

Un torrent du Roussillon, le Tech, a été surnommé le « Justicier de la Contrée ». Les riverains comprennent par là que ses crues dévastent la plaine ou, comme on dit ici, le rivéral, le pays de ses rives, qu'il punit les péchés véniels et les péchés capitaux ; qu'il fait tomber la colère d'en haut sur les coupables, auxquels il convient d'ajouter les innocents. En réalité, ce justicier exerce sa justice sur ceux qu'on ne peut accuser, les criminels vivent dans le haut pays dont ils ont dénudé les versants, et le châtiment n'atteint guère que les planicoles.

Tant que les hauts monts bornent à d'étroites rainures les fureurs du torrent, le combat cesse, suivant le vers fameux, faute de combattants. Le flot qui passe comme l'éclair ne détruit qu'à portée de sa folle puissance, et ce pouvoir se limite à quelques mètres de déploiement. Sans doute il meurtrit toute la vallée, mais la vallée n'est ici qu'une cannelure dans la masse du mont. Il lui faut des siècles pour disloquer les rocs ; il les attaque en dessous, et les détruit par les chutes successives du dessus.

Le torrent montagnard n'assouvit sa fureur que sur des ponts et ponceaux, des moulins, des routes, quelques champs riverains, pierraille plus qu'humus, et les arbres qui se sont élancés de quelque petit cirque de nature civilisée : quand on n'agit que sur des hectares on ne peut bouleverser des lieues carrées.

Mais, dès que le torrent a passé de la montagne ou de la haute colline à la vallée-plaine, l'eau courante, qui n'avait devant elle que l'étroitesse d'une ravine isolée du monde, a maintenant le monde lui-même autour d'elle ; des tributaires assidus ont fait de son flot l'onde ample, puissante, prompte au bien comme au mal. A l'heure présente, le mal domine.

Cent torrents composent le cours d'eau dont un pont de cent, de cinquante, de quarante mètres suffit à relier les deux bords; puisque chacun de ces cent courants rapides comme la flèche peut rouler convulsivement un Niagara strié de boue, on comprend quelle immensité de flots la fonte des neiges, la pluie continue ou l'extraordinaire ouragan sont capables de jeter

Il faut pourtant que la trombe passe. Elle atteint le sommet des rives, elle les surmonte. Au regard de l'eau qui monte, c'est la crue; au regard de la rivière qui se répand au dehors, c'est l'exondation; au point de vue de la plaine envahie, c'est l'inondation; au point de vue

LE TECH, A PRATS-DE-MOLLO (Pyrénées-Orientales).

Le climat qui régit le bassin du Tech est le climat méditerranéen; les chaleurs y sont très longues, les pluies très violentes : d'où des eaux rares en été, puis, par accident, des crues énormes, surtout depuis l'extirpation des forêts.

dans la rivière qu'enjambe le pont de 120 à 300 pieds de longueur. Pour peu que le typhon dure, que les nuages et que le soleil ou la pluie chaude continuent de délayer la neige des monts, le lit où les cent torrents se résument finit par manquer de capacité.

général, causes et effets compris, c'est un acte immense de la nature, c'est le ruissellement à la centième puissance; c'est le transport du haut pays dans le bas pays, la destruction du mont, l'atterrissement du fleuve, l'avance du continent sur la mer. Pour s'en tenir aux champs qui

LE NIL ET SES EAUX BIENFAISANTES.

(Cliché Boulanger.)

On a dit que les villes naissent des eaux ; c'est d'elles aussi que naissent les campagnes. D'ailleurs, c'est d'elle que sort toute la vie : témoin le Nil ; il conquiert dans les hauts pays un flot constant, relevé chaque année de plusieurs mètres par la saison des pluies tropicales. Alors toute l'Égypte puise au fleuve bienfaisant ; des canaux, sous-canaux et rigoles amènent dans les champs l'eau chargée d'alluvions ; et cette Égypte qui ne serait qu'un désert, devient la plus merveilleuse des oasis de la terre.

furent les témoins effarés de la catastrophe, c'est la ruine.

16. Crues régulières des fleuves tropicaux ; crues désordonnées des fleuves français. — La ruine : pas toujours. La tant vieille Égypte doit sa fécondité toujours renouvelée, au Nil, au Nil seul, à sa crue faite des pluies du Soudan et de l'Abyssinie. Mais si l'Égypte n'appréhende aucunement la montée du Nil, si même elle la désire, c'est que depuis l'antiquité reculée elle sait comment s'arranger avec son fleuve. Elle en connaît très bien les usages et comment il n'est jamais descendu plus bas, jamais monté plus haut que tels crans du Nilomètre. Son expansion annuelle, vieille de dizaines de milliers de siècles, est un phénomène régulier, ne variant que d'un niveau de mauvaise récolte faute de pluie suffisante, à une hauteur de mauvaise récolte par excès de pluie.

Ce fleuve combat l'évaporation de la Méditerranée en versant dans cette mer environ 96 milliards de mètres cubes par an; tribut vraiment misérable pour un courant de 6.400 kilomètres en un bassin de 287 millions d'hectares. Si son étiage atteint à peine 400 mètres cubes par seconde, moins que le Rhône, ses crues vont à 13.000 ou un peu plus, durant les deux mois de son expansion, en juin, en juillet. Ce grand flot s'épanche sur la vallée, par un système ingénieux de digues et de canaux, suivant une pente fort douce, car le Nil n'est qu'à 86 mètres d'altitude, au lieu dit Assouan, à 1.100 kilomètres de la mer : là, depuis quelques années, un gigantesque barrage l'économise : il réserve plus d'un milliard de mètres cubes qu'on va porter à 2.700.000.000. Quant aux 96 milliards de volume annuel, ils dépassent de 7 milliards tout le cube du lac de Genève.

Le Nil et l'homme se sont fait chacun leur part. Les villages des fellahs ou paysans ont leur site au-dessus des atteintes de l'inondation ; et quand le « père de l'Égypte » est rentré dans sa modeste demeure du temps des basses eaux, les colons traversent, de leurs chaumières aux palmiers de la rive, une campagne fertilisée par l'exondance annuelle. Sans les excursions du Nil hors de son lit, il n'y aurait pas d'Égypte, de même que sans les excursions du Niger, il n'y aurait guère de Soudan.

Mais nous, Français, nous n'avons ni la crue annuelle, ni les vents réguliers, ni la stricte division des douze mois en saison sèche et saison mouillée. Chez nous les rivières ne diminuent pas normalement jusqu'au jour où une première averse tombée des nuages annonce que le ciel va se fondre en eau, que les coulées sèches ou marigots (1) vont déborder et de cent litres par seconde passer à cent mille : cela régulièrement, jusqu'au retour de la sérénité qui amène la décrue des fleuves.

Au contraire, en France c'est l'embrouillement des vents, des climats, des pluies capricieuses, des mois secs qui, l'année passée, avaient précipité des cascades sur le sol et, qui, l'an prochain, seront peut-être plus anhydres encore que l'an d'auparavant. C'est pourquoi nos courants ne se soumettent pas au rythme des saisons adverses, l'une mouillée, l'autre aride. Pas d'ascension et de descente normale des èves, mais des croissances et des décroissances à l'aventure, tantôt au printemps, tantôt en été, tantôt en automne, tantôt en hiver, au caprice des brises. Alors que le Nil, le Niger et leurs compagnons de l'Équateur, du Tropique, savent ce que tel mois leur réserve, notre Loire, pour ne parler que d'elle, va de l'alpha à l'oméga : hier ruisseaux séparés par des îles de sable allongées, demain fleuve en démence qui force les murs de sa prison.

Cette Loire, on l'a malgré sa légitime résistance incarcérée dans la geôle d'un nain, quand il lui fallait le préau d'un géant. La sagesse était de lui abandonner comme au Nil tout l'espace qu'elle réclame en grande expansion : des kilomètres, une lieue au besoin, non pas seulement 250, 300, 500 mètres.

Elle disait clairement : « Quand je m'endors nonchalante, au soleil d'été, en petits rus d'argent, c'est pour me réveiller, m'étirer, m'al-

(1) Marigot : mot du français colonial, il désigne un bras de rivière et, par extension, une petite rivière quelconque.

longer, envahir mes coulées, mes palus, mes prairies, ma savane; alors je n'ai pas trop de la moitié, des trois quarts, quelquefois de toute ma campagne. « *Et nunc erudimini!* » Car, ainsi que nos autres fleuves, la Loire a parlé latin.

L'homme n'a pas cru ces paroles véridiques. Il a revendiqué pour lui toute la vallée, moins un étroit chenal pour la Loire. Et la Loire, essentiellement rétive, n'a pas tenu compte des commandements de l'homme. Quand la nature parle, ce fleuve obéit; elle lui dit de reconquérir, et pour quelques heures, quelques jours, il reconquiert : il surmonte ses turcies, c'est-à-dire ses levées, ou il les crève, et de fleuve il devient lac, mais lac animé, frénétique, avec d'immenses remous.

Puis, le lac découvrant peu à peu ses rives, la Loire, redevenue fleuve, laisse derrière elle des champs sillonnés, ravinés, bouleversés, des tranchées, des remblais, des cailloux inféconds, des traînées de sable, des maisons renversées, des morts pour le cimetière ; et quelquefois des morts hors de l'enclos léthargique, lorsqu'il lui a plu de déterrer les hôtes silencieux qu'on avait cru porter à leur dernière demeure. Nos autres fleuves, nos rivières, font, à l'occasion, comme la Loire, sauf quand la hauteur de leurs berges défie l'ascension des flots. Les plaines du Tarn, du Lot, de la Dordogne, entre autres, craignent peu la montée subite de leur rivière. Un jour du mois d'août on a vu la Dordogne s'élever de dix mètres en vingt-quatre heures et les champs n'en ont point pâti, ce courant magnifique étant contenu par les douze, quinze ou vingt mètres de hauteur de sa double berge. Dans la montagne, rien à redouter : plus d'un torrent pourrait se gonfler de cent, de deux cents, de trois cents pieds, sans offenser les demeures des hommes.

« Ce qu'on voit et ce qu'on ne voit pas », pourrait-on dire à propos de toutes les actions humaines, comme de toutes les œuvres de la nature qui cache des bienfaits sous ses méfaits, et inversement des ruines sous ses opulences. Ce qu'on voit dans le haut pays, c'est un hectare de plus pour le pâturage aux dépens de la forêt,

un hectare de plus pour le labourage aux frais du gazon. Ce qu'on ne voit pas, c'est dans les bas pays, les champs dévastés, les hameaux saccagés, les ponts croulés, les routes crevées, le fleuve envasé. Le déboiseur du mont assassine au loin la campagne.

Pour ceux qui adorent dans l'eau la source de toute vie terrestre, c'est à crever le cœur de voir comment l'imbécillité du rustre et du marchand permet à cette fée rayonnante de devenir la jaune sorcière qui use la terre au lieu de la conserver en beauté printanière. Avec ce qu'ont coûté les inondations du XIXe siècle en France, on aurait reboisé toute l'Europe.

On a calculé que de 1846 à 1882, les extravagances des eaux nous ont appauvris, nous, les seuls Français, de plus de 600 millions ; les crues de 1856 nous ont, à elles seules, coûté plus de 200 millions ; la Loire surtout s'est signalée en 1856, la Garonne en 1875. Suppressions de vie, coulage des terres vers l'aval, perte d'éléments fertilisants par dénudation du sol, plaies hideuses dans la montagne, la colline, la campagne, découragement des riverains, suivi de leur veulerie, le fatalisme déprimant les ruraux. Voilà les « bienfaits » des crues ; pour remonter jusqu'à l'origine, ce sont là les « cadeaux » de la déforestation.

17. COMMENT SUPPRIMER LES CRUES? — Quelle nausée de voir le présent imiter toujours le passé! Quelle stupeur que de contempler toujours un monde hébété qui ne combat que l'effet sans se préoccuper de la cause et, au lieu de se venger sur l'ennemi, ne cesse, comme le chien, de lécher la main qui vient de le fouetter jusqu'au sang!

Quoi! la tourmente des flots calmée, marquer béatement, sans réfléchir sur le passé, sur le présent, sur l'avenir, le niveau que vient d'atteindre la crue au fluviomètre échelonné en lignes noires sur la pile du pont ou la maison du quai ; reconstruire indéfiniment le même pont, chaque fois un peu plus long, un peu plus haut, parce que la dernière crue a été plus puissante que l'avant-dernière ; rebâtir la même levée ; restaurer le même moulin ; refaire la même chaussée à plus d'élévation au-dessus du torrent dont les débris de l'amont ont rehaussé le niveau ; garantir la même prairie si elle n'a pas déjà pris tout entière le chemin de l'Océan ; protéger le même hameau s'il n'est pas parti, lui aussi, pour les grandes eaux marines dans la sauvagerie des grandes eaux de la trombe !

sous-bois quinze jours plus tard que le hors-bois ; je sais qu'au-dessus des forêts flottent, visibles ou non, de légères vapeurs et qu'après la pluie les branches gouttent longtemps sur le sol ; j'ai vu qu'après les nuits sereines de l'été, « la forêt qui gémit pleure sur la bruyère », comme si les urnes du ciel s'étaient penchées sur la terre, en réconfort aux sources bienheu-

LE VIDOURLE AU PONT AMBROIX. LUNEL (Hérault).

Ces trois arches peuvent presque disparaître dans les crues de ce fleuve sauvage, comme aussi son ève peut mouiller à peine les piles de ce pont romain. Tels sont les cours d'eau de notre Midi : grève brûlante ou déluge.

Et ne pas dire au fleuve, à la rivière, au torrent, au ridicule ruisseau du cirque raboteux éternellement raboté : « C'est la dernière fois que tu m'as surpris, méchant compagnon ! Tu es vicieux ; je vais te contraindre à la vertu ; tu t'absentes, soit de jour, soit de nuit ; je vais te contraindre à la résidence. Je n'ignore plus que sur les sommets la neige abandonne le

reuses. Je sais comment te contraindre à la mansuétude, à la sagesse. Je t'enchaînerai et tu ne te déchaîneras pas. C'est la forêt qui te domptera. Je vais reboiser tes montagnes.

« J'ai compris que la selve est la mère des eaux. Tu n'as pas de flots, torrent, ou tu en as trop, je saurai te forcer à n'en manquer jamais. Dorénavant tu seras la joie et non la terreur des villes et des campagnes. Encore quelques années et tu couleras apaisé sous l'ombre des hêtres touffus, des pins et des sapins sonores, accueillant à chaque pas des ruisseaux issus des gours. Le voyageur ne dira plus, comme autrefois le poète : « Je meurs de soif auprès de la fontaine. »

Après l'action, la réaction; après la folie, la torpeur. La crue passée, la rivière, un moment si forte, se débilite à faire pitié. Elle aurait admis des vaisseaux de guerre et maintenant à peine le chaland n'y frôle-t-il pas les sables, le canot même s'y arrête. Ce ne sont que râcles, ratchs, graviers ou graveaux suivant l'expression des paysans d'oïl. Tout cela au général : il y a dans les régions sans pente des rivières paisibles, de petite profondeur à peu près continue.

18. LES CANAUX LATÉRAUX. — Que faire de ces cours d'eau dont on ne peut plus réellement prétendre que ce sont des chemins qui marchent, alors que ce sont des chemins où l'on marche sans se mouiller les genoux ? Il suffit qu'ils ne soient pas tout à fait secs pour rester utiles à l'homme, au bétail, aux champs, aux herbes, aux arbres et verser quelque vie là où sans eux il n'y aurait que le morne assoupissement. Sans doute, mais quand il n'y a pas assez d'eau, comment transporter par eau, les pierres, les tuiles, les grains, les vins, les bois, la houille, les éléments qu'achète l'industrie, les objets qu'elle vend ?—En doublant la rivière d'un canal.

Ainsi la Loire, qui est chez nous la souveraine misérable du plus vaste domaine, se réduit vers le milieu de sa course à des dix, quinze, vingt mètres cubes à la seconde, rivière éparpillée qu'on définirait très bien en la traitant de lit de sables mouillés entre des sables secs. Elle entraîne annuellement environ deux millions de mètres cubes de substances, sorte de « trottoir roulant » qui descend le fleuve avec si peu de promptitude que sa lenteur est presque de l'immobilité. Il n'en descend pas moins, sable toujours plus fin, de l'amont à l'aval, à la vitesse quotidienne de sept à huit pieds en été, de neuf mètres en hiver, un grain remplaçant l'autre grain dans ce voyage de tout repos.

Aussi, dans ce déplacement perpétuel, la Loire n'est jamais conforme à elle-même. Quinze jours auparavant il y avait un trou par ici, un haut fond par là ; aujourd'hui la barque talonnerait ici, et c'est là-bas qu'elle voguerait avec trois à quatre mètres d'eau sous elle. « Tel est mon bon plaisir », dit le fleuve depuis que l'anéantissement de ses selves l'a débarrassé de toute règle de conduite.

Il faut en passer par là. C'est le : « se soumettre ou se démettre ! », prendre le fleuve tel qu'il est ou se passer du fleuve. On s'est décidé à destituer la Loire de sa soi-disant navigabilité, qu'on a transférée au canal de Roanne à Digoin, puis au canal latéral à la Loire. Ce dernier s'arrête au lieu le plus septentrional atteint par le fleuve, après avoir détaché sur sa droite les canaux de Briare et d'Orléans; ceux-ci, s'unissant en un canal du Loing, rattachent à Paris la région du centre de la France. Pour le dire en passant, cette facilité de rapports entre la Loire et la Seine est une des raisons d'être du grand Paris.

Par une sorte d'incapacité de prévoir, le canal latéral à la Loire se termine à moitié chemin de l'Atlantique, laissant le fleuve à son impuissance en Orléanais, en Touraine, en Anjou, au lieu de l'accompagner dévotement jusqu'à la rencontre de la marée.

La haute Seine a son canal latéral ; plus, la voie navigable dite canal Saint-Martin, puis canal Saint-Denis, qui évite aux bateaux les embarras de Paris. En aval de la capitale, c'est la Seine elle-même améliorée par des écluses qui se charge des transports par eau. De Toulouse au flot de marée, la Garonne possède également son canal riverain. Le Rhône, malheureusement, n'en a point, lui qui, malgré le volume de son courant, ne se prête qu'à la descente sur bateaux plats, point à la remonte, à cause de la turbulente rapidité de ses eaux. Un grand nombre de nos rivières ont été disciplinées aussi, directement, dans leur lit même, comme la Seine infraparisienne : on les a transformées en biefs de suffisante profondeur, silencieux, sauf à la tombée des écluses.

Avant que naquit la gloire universelle de la houille blanche, bleue, verte, c'était uniquement dans un but de navigation qu'on barrait les grands cours d'eau : l'industrie tirait profit, s'il lui plaisait, de la cascade des écluses. Aujourd'hui, c'est le contraire : on relève le plan d'eau des rivières pour instaurer des sources d'énergie transportables où bon semblera ; à la navigation d'user de ces chutes, si elles vont bien ; il y suffit de deux portes d'écluse donnant passage aux bateaux d'un bief dans l'autre : ainsi des riviérettes présentement non navigables seront bientôt naviguées.

La Dordogne en offre un exemple. C'est à la fois un beau torrent, une belle rivière, un beau fleuve : un torrent à chaque instant ému par des rapides, des remous, des « rebouilles » ; une rivière ample, transparente sur ses graviers, très creuse au pied de ses trans (1) ou roches de rebord ; un fleuve que le flot de mer atteint au loin dans le continent et qui s'avance alors vers l'estuaire de la Gironde par des cingles ou méandres immenses.

On avait projeté dès longtemps de la remonter au moins jusqu'à sa vieille ville de Bergerac, au moyen de quatre ou cinq barrages qui noieraient ses seuils. On n'en construisit qu'un à l'aval immédiat de cette cité. C'est une noble tombée, une lame rapide qui se courbe, puis une brisure blanche et, en bas, un courant fou qui s'éparpille ; après quoi la Dordogne redevient elle-même, un tantinet sauvage, par la raison que ce barrage est le seul qui l'entrave encore : elle peut donc « libérer son âme » en aval comme en amont de Bergerac et glisser en rapides jusqu'aux lieux extrêmes atteints par la marée au-dessus de Castillon-la-Bataille.

La Dordogne n'a pas changé, mais le monde marche ; la force mécanique des chutes d'eau a été transformée en lumière, en électricité. Ce n'est plus à la houille qu'on recourt uniquement pour la supplier d'éclairer de son gaz ;

(1) Trans : on nomme ainsi dans le Sud-Ouest les falaises de tuf que l'eau frôle en passant.

c'est l'eau qu'on implore, l'eau qui luit comme un soleil en électrisant des fils. C'est elle aussi qui meut les engins, fait tourner les roues, met une âme dans les mécaniques.

Un petit fil arrive dans une demeure, et cette maison brille d'une lumière éclatante ; un autre entre dans cette chambre, et cette chambre est dès lors une fabrique, un atelier où l'on trame, où l'on tisse, où l'on forge, où l'on fait ce qu'on veut, à son idée. L'électricité ne répugne à aucun service. Or, qu'est-elle ici, cette fée plus rapide que la fée des contes, sinon la fille de l'onde, la petite-fille de la pluie, l'arrière-petite-fille de la mer ?

La Dordogne : une grande force qui fuit, presque inutile à sa vallée ; elle est très peu praticable aux chalands ; elle n'arrose pas ; au fort de sa force elle ne donne la vie, le mouvement et l'être à aucune usine. Comme on dit aujourd'hui, c'est là un grand scandale économique.

Il ne durera pas. En amont de Bergerac une chute de douze mètres développe une énergie de 12.000 chevaux ; en aval, les barrages autrefois prévus vont retarder la rivière jusqu'au seuil des digues où, dans un chaos d'écume, deux secondes lui suffiront pour regagner la pente perdue. De ce fait, deux portes d'écluse aidant à chaque chute des eaux, elle sera devenue navigable. Il en adviendra de même sur toute rivière ou riviérette d'un cube assez fort pour que l'industrie daigne s'occuper d'elle.

Le réseau des canaux ne resserrera ses mailles qu'au prix de la servitude de maints courants encore indépendants, malheureusement les plus charmants entre eux. Car ce n'est pas aux rivières souvent défaillantes qu'on recourt pour le cube des éclusées. On choisit au contraire des rivières de sources capables de remplir les biefs en temps torride aussi bien qu'en temps printanier ou qu'en temps automnal ; on préfère à tous les flots limpides qui n'encrassent pas le canal. Que deviendrait une tranchée navigable entretenue d'eau par un torrent rouleur de roches et tritureur de terre ? En dix ans l'os et la chair de la montagne l'auraient comblée.

Du fait des cascades rassembleuses d'énergie,

et du fait des exigences de la navigation intérieure, voilà donc, en foule, des trajets de rivière
qui vont renoncer de force à leur sainte indépendance, comme les hautes montagnes à leur
fière intangibilité. Monter en tunnel à la
Jungfrau par un chemin de fer à crémaillère ;
longer les abîmes par des galeries ; dissiper par
la lumière le mystère des grandes cavernes ;
amortir les rivières vives ; jeter les eaux
errantes dans des canaux rectilignes; verser les
cascades, devenues artificielles, dans le puits des
turbines; tout cela nous prépare une nature
caporalisée. Qui aurait cru que les fluides, et
bientôt l'azur lui-même, deviendraient les serfs
hébétés de l'homme, et qu'un jour, les forces
incalculables de l'écroulement, les Niagaras eux-
mêmes entendraient tonner le *væ victis !*

19. AUX APPROCHES DE LA MER. — Captives
ou non, les rivières s'avancent à la recherche de
la mer. Vite ou non, suivant la raideur de la
pente et l'éloignement des flots océaniques, le
courant s'apaise; le lit augmente d'ampleur,
non certes pour le passage misérable des eaux
d'étiage, mais pour celui des grandes crues.
Si les rus estivaux n'amènent que peu d'onde à la
rivière centrale, les rus de fonte ou d'orage y
précipitent des fleuves : il faut donc que le lit
définitif ait une capacité de délivrance conforme
au bassin d'amont, toujours plus vaste à mesure que le fleuve s'allonge.

Le climat s'adoucit à la descente, même quand
le cours d'eau marche du sud au septentrion :
l'altitude a plus de puissance que la latitude et
mieux vaut habiter à cent kilomètres plus au
nord qu'à deux cents mètres de plus au-dessus
du niveau de la mer; l'hiver éternel règne sous
l'Équateur à une lieue et demie seulement
d'élévation autant qu'au bord de la mer dans
les régions du Pôle.

Du haut au bas pays, la nature a changé
tout autour de la rivière et dans la rivière
même qui ne fait plus grincer de cailloux l'un
contre l'autre. Dans son onde ralentie descendent silencieusement des sables, des alluvions,
d'imperceptibles parcelles. Son courant tend à

se diviser autour d'îles, d'îlettes allongées; ses
grandes crues sillonnent les terres molles
amassées dans les lacs antiques par mille siècles
d'alluvions. La rivière mère, s'accompagne de
ses filles de droite et de gauche, les fausses
rivières. Ses ponts sont plus longs, ses villes plus
grandes, et aussi plus ordurières, ses eaux plus
souillées, à moins que l'arrivée d'un tributaire
né sur les pelouses ou sorti d'un lac, d'un
réseau d'étangs, d'une Touvre, ne noie les
bourbes dans beaucoup plus d'eau.

Tout à coup, le courant s'arrête ; un peu plus
loin, stupéfaction ! il remonte. Serait-ce donc
qu'à l'approche des océans, l'ève a changé de
loi ? Non ! Elle obéit au même décret. Le fleuve
ne remonte pas de lui-même ; violemment re-
broussé, il recule devant plus puissante que lui,
devant la mer.

Relevé de cinq, dix, quinze mètres au-dessus
de lui-même, suivant les dispositions du rivage,
les luttes des courants et contre-courants, l'Océan
s'écroule ; il s'abat sur le rivage, qui le repousse.
Mais là où la rive manque, là où elle s'ouvre
pour laisser passer un fleuve, qu'il soit l'estuaire dont on ne voit pas les deux bords ou la
rainure dont on touche des bras la double paroi,
c'est le phénomène du flux, suivi deux fois par
jour par celui du reflux, du jusant, de la descente
de la mer après la montée, au bout d'un court
moment d'équilibre appelé l'étale ou le plein.
Ainsi, se levant deux fois, se baissant deux fois,
la mer et le fleuve avancent et reculent quatre
fois en vingt-quatre heures, à peu près.

Lorsque la marée arrive aux lieux où l'estuaire s'étrécit en fleuve, il advient qu'elle
entre en lutte avec le courant fluvial. Ayant
derrière lui tout l'Océan, qui pèse de plus en
plus haut, le flot amer s'avance en triomphe
au-dessus du flot d'eau douce. Comme le lac
universel dont il arrive, il se termine par une
vague, et cette vague ne s'aplatit pas ; avec
un grondement sourd, elle tourne sur elle-
même en rouleaux écumeux. Tenant le fleuve
d'une rive à l'autre, elle va de l'avant comme
une cascade rapidement déplacée vers l'amont.
Spectacle grandiose que cette mer en marche

pour envahir le continent ! Il serait encore plus beau si cette vague, pororoca de l'Amazone, mascaret de la Dordogne, barre de la Seine, si ce raz de marée, car ce n'est pas autre chose, teignait sa volute des teintes de l'émeraude ou de l'indigo : mais l'eau marine tourmente ici l'eau fluviale; celle-ci trouble les vases du fond où le poisson dort sur un lit moelleux et le mélange des deux courants contraires se résout en une bourbe jaunâtre.

La barre ou mascaret étant le conflit de la mer et du fleuve, sa vague d'avant-garde monte d'autant plus au-dessus de l'eau continentale que l'Océan s'élève à de plus grandes hauteurs. A petite marée, peu ou point de pororoca : ce nom sauvage d'une langue indienne se propose d'imiter le mugissement des eaux. A marée moyenne, mascaret moyen ; à marée de vive eau ou marée suprême, barre très haute, course violente, cascade massive, barques chavirées, victimes au fond du fleuve. La barre de la Seine, parfois terrible, révolutionne les eaux, de Quillebœuf à Caudebec : la Seine « maritime » remonte la Seine « fluviale », à raison de 40, 50, de 60 kilomètres à l'heure, selon le vent, et la vague lève sa crête à 6, 8, 10 pieds non seulement contre le marinier dont la coquille de noix danse sur la lame, mais aussi contre le passant, le curieux, l'étourdi qui contemple de trop près cet ouragan des eaux; on se dirait en mer ; et c'est bien la mer.

Le mascaret de la Dordogne a moins d'ampleur que la barre de la Seine ; il soulève rarement sa volute à plus de 4 ou 5 pieds : cette rivière continue l'estuaire de la Gironde mieux que ne le fait le fleuve de Bordeaux ; c'est pourquoi le raz de marée la remonte de préférence.

L'emprise de la Mer sur la Terre le long des rivières inférieures au niveau des marées est en raison inverse des altitudes du sol. Qu'on imagine à cinq cents lieues des océans un courant à deux, trois, quatre, cinq mètres au-dessous du niveau de la haute mer, le flot s'y propagera jusqu'à ces deux mille kilomètres. Qu'on se représente, au contraire, un fleuve dominant de vingt mètres, à son embouchure

même, la source éternelle des eaux, il s'y précipitera par une cascade. En France, la marée repousse la Seine jusqu'en amont de l'embouchure de l'Eure et de l'Andelle, soit sur 176 kilomètres; la Dordogne jusqu'au-dessus de Castillon, sur 165 kilomètres, y compris les 73 de la Gironde ; la Garonne, Gironde comprise, sur 163, jusque vers le confluent du Drot.

Quant au Rhône, le flux ne le trouble nulle part, même à ses entrées en Méditerranée par les branches de son delta. Cette mer ne manque pas absolument de flux et de reflux, comme on l'a dit; elle monte même et descend de deux à trois mètres sur les rives de la Tunisie méridionale; mais en Provence elle ne bouge pas ; lorsqu'elle mouille le sable de son estran (1), quand elle ride en amont ses fleuves, c'est qu'un vent la pousse et la fronce; elle ne se lève jamais en mascaret pour l'écrasement du Rhône et du Nil.

Le Rhône manifeste la dégradation de son bassin, par la grandeur de la plaine du Bas-Languedoc, dont il fut en partie cause; par celle de la Camargue, qu'il ne cesse d'agrandir; enfin par les troubles dont il embarrasse la mer voisine de ses bouches. Les fleuves à marée la manifestent au long de leur cours en haut par l'engravement, l'ensablement, les îles, en bas par l'empâtement des ports, l'atterrissement des estuaires. Rien qu'à voir la boue qui jaunit la volute du mascaret, on comprend que, dans l'eau et sous l'eau, la terre prend la place de l'ève.

La rencontre du flot marin sonne le glas de mort du fleuve : il est entré en agonie. Il a beau s'élargir à 5, à 8, à 12 kilomètres, il n'est plus lui-même. A mesure qu'il descend il devient saumâtre, puis salé. Existe-t-il encore ? En apparence, oui. En réalité ce n'est plus un fils des fontaines ; c'est un bâtard de la Mer.

Enfin celle-ci ouvre sa large gueule : le fleuve est mort.

Mais à l'heure même, à la seconde même, il naît à la source du plus lointain de ses rus, aux frimas du plus éloigné de ses névés.

(1) Estran : l'espace que la mer couvre et découvre, tour à tour, sur une plage de sable.

20. NOMS RAVISSANTS DES RIVIÈRES. — Ainsi donc, si les bûcherons persistent, bien des rivières dont nous nous enorgueillissons cesseront de couler ou ne murmureront plus que dans les caveaux de la profondeur.

Ne les quittons pas, ces adorables rivières, sans les remercier de leurs noms si caressants et si fluides. Nulle part peut-être, sinon dans le nous avons des centaines de noms terminés par *on*, par *onne*, le mot celtique signifiant eau, que nous trouvons tout d'abord dans Divonne, l'Eau divine; ainsi l'Aveyron, l'Armançon, la Garonne, l'Yonne, la Dronne. Rien que dans le bassin de cette dernière, on rencontre, noms délicieux : Dronne, d'abord, puis Nizonne ou Lisonne, Sandronne, Souvanie, Rizonne, Jé-

(*Extrait du volume " La Terre ", col. Larousse*).

LA BARRE A CAUDEBEC (Seine-Inférieure).

La violence de la barre dépend de la hauteur des marées, et celle-ci est connue d'avance. On sait donc à quels jours il convient d'aller admirer la « montée » de la Seine ; ce qui n'est pas toujours sans danger : on a vu des spectateurs trop avancés sur la berge être enlevés comme un fétu par ce raz de marée.

Brésil, ils ne passent plus mollement sur les lèvres. Là-bas, chez nos cousins les Lusitaniens d'Amérique, serpentent dans les forêts, trop vite abattues, du Sertão, c'est-à-dire dans l'intérieur encore sauvage, des Paraná, des Paranâpanémá, des Paranahyba, des Araguary, des Jequitinhonha, des Ypiranga. Plus courts, d'une autre sonorité, mais non moins sonores, mayolle, Moudelou, Douzelle, Mozenne, Chalaure, Goulor, Ausonne, Beauronne, Viveyronne, Gaveronne, Vélonde, Auzance, Argentonne, et peut-être dix autres encore dont aucun n'offense par des gutturales, des dentales, des syllabes rauques ; tous ces noms coulent sans effort, naturellement, comme l'eau elle-même, avec une gracieuse nonchalance.

7

LIVRE V

GLOIRE A L'EAU COMME A L'ARBRE !

1. L'ALLIANCE INDISSOLUBLE. — L'eau c'est l'arbre, l'arbre c'est l'eau : l'éternellement fuyante est liée par un indissoluble pacte à l'éternellement immobile.

La diminution du monde par le ruissellement, le transport de la Terre dans la Mer, la descente des eaux sous la carapace des roches, cette marche à la mort ne va que par millionimètres à chaque saison partout où l'homme laisse la nature, en son œuvre de tous les jours, réparer par la forêt l'offense des météores, les plaies de la pluie, les blessures du vent, la malveillance des mois contraires, la contraction et la rétraction provoquées par le froid, par le chaud, par les heures de soleil et les heures de lune. Dans le travail inouï des fluides et des liquides, dans l'entremêlement des causes et des choses, tout est l'ennemi de tout, mais aussi tout est l'allié de tout.

Veuve de l'arbre, l'eau meurt et le monde mourra de la mort de l'eau.

Si l'homme laissait le monde aller à sa guise, la Terre entrerait aussitôt en régénérescence : l'herbe naîtrait de la roche, l'arbre gravirait la montagne, la forêt descendrait dans la plaine, le torrent s'accommoderait à une vie tranquille; il coulerait : c'est sa félicité puisque c'est sa fonction; les bêtes que nous n'avons pas encore détruites peupleraient, qui ses bois, qui sa savane, qui sa rivière. Il y aurait plus de variété sur la Terre si disparaissait le tyran qui ne respecte que son existence à lui, et qui pourtant, par ses passions et sa stupidité, détruit d'heure en heure les conditions de sa propre vie. Un géologue anglais n'en fait point mystère qui a dit, à peu près : Encore quelques siècles de la folie des hommes, et la Planète sera inhabitable ou même inhabitée.

Comme l'homme ne sera pas détrôné de si tôt, il faut enfin qu'il se décide à ne plus abuser de sa royauté. Ce qui fut chez lui l'ignorance, ce qui n'est encore que la stupidité, l'avarice, la soif du lucre, devient dès aujourd'hui le crime de lèse-nature et de lèse-humanité.

Durant des siècles dont nous ne connaissons pas le nombre, l'homme ne put qu'adorer, se prosterner, supplier le Ciel où passaient les nues, d'où descendait la foudre, la Terre d'où montait toute vie, l'Eau sans laquelle il n'y avait que la mort. Il ne pouvait rien comprendre à l'ordre des choses, à la solidarité qui unit l'air, le sol, les plantes, l'homme, et à l'intimité des relations entre la forêt et les sources.

Pour nos ancêtres la forêt fut le lieu sombre, hanté, maléfique. Comment la traverser sans trembler, elle qui séparait alors les peuples autant que la mer les divisait; elle, la formidable, l'inconnaissable, l'infranchissable.

L'Eau, elle, n'effrayait pas, sauf en ses dormants lugubres. Elle attirait au contraire par sa pureté, sa fraîcheur, sa grâce, la vie qu'elle répand autour d'elle, son prolongement en ruisseaux, en rivières. Si les grands dieux siégeaient sur l'Olympe des hautes montagnes, les hostiles génies dans les lieux sauvages, les bois profonds et les marais, d'aimables déesses, des fées, des nymphes, des ondines demeuraient dans les palais de l'ève. En s'écriant « l'eau est parfaite », Pindare, le poète grec, parlait comme les hommes du temps de Pindare et comme les hommes d'avant Pindare.

2. La chaîne sans fin. — Combien les anciens avaient raison de dire que la nature ne va que par gradations! De la roche la plus stérile à l'inventeur, au grand poète, au grand musicien, à l'astronome qui mesure les immensités et prédit les aventures des étoiles, une chaîne sans fin unit tous les êtres. Nous savons les lois de la solidarité universelle et, parmi ces lois, celles qui rattachent, par les soucis d'une vie alliée, la montagne à la forêt et la forêt à l'eau qui court entre la montagne et l'océan.

Ces lois, dont le mépris mène le Globe à sa ruine, s'énoncent ainsi :

La vie végétale naît de la vie minérale; les minéraux vivent. Dire comme nos pères, qu'il n'y a aucune commune mesure entre le minéral et le végétal, c'était blasphémer, parquer la nature dans trois « règnes », en armées hostiles, le minéral, le végétal, l'animal. C'était chercher la guerre, là où il n'y avait que la paix.

Né du minéral, avec l'aide du soleil, de l'air, de l'eau, le règne végétal protège le règne minéral ; les montagnes que ne vêtent ni gazons, ni forêts, tombent en ruines partout où les neiges, les glaces, ne les garantissent pas de la « nuisance » des météores. Un mont boisé défie les millénaires, un mont nu ne défie que

les siècles, parfois les années seulement. Dans les sierras dépouillées, la pluie descelle les pans, racle les sols, jette le mont dans l'abîme; dans les sierras sylvestres, tout se tient et tout tient ; les racines y fixent l'arbre au roc et l'humus à la pente.

Surtout la selve fait de l'eau folle une eau sage. Quand le flot tombé du ciel aux heures de l'orage ne coule pas en toute paix, par gouttes et gouttelettes, comme il est descendu d'en-haut, il croule en trombe sur l'en-bas qui l'attire ; chacune de ses vagues soulève avec elle un roc dont la place, immuable par destination, était au sommet du pic ou sur le penchant du précipice. Mais, d'abord par les feuilles de ses rameaux, ensuite par le tapis des feuilles tombées, enfin par ses racines et ses radicelles, l'arbre divise le typhon ; il l'innocente en éparpillant sa masse monstrueuse en des milliards de larmes qui coulent lentement le long des rides du vieux visage de la Terre. C'est la fameuse politique de Machiavel, de la Maison d'Autriche, des grands fondateurs, souteneurs ou destructeurs d'empires : *Divide ut imperes !* — Divise et tu régneras! — C'est aussi celle des grands hommes de guerre : au lieu de se heurter à toute une armée, ils détruisent l'une après l'autre les divisions, les brigades, les régiments qui la composent.

Sachant bien tout cela, que nul ne conteste plus, que faire?

3. Que faire? — Reconnaître tous, savants, faux savants, ignorants, l'élite et la foule, que l'eau étant tout, la vie est impossible sans elle, l'arbre, qui réserve l'eau, est tout, lui aussi. L'élite en est convaincue, mais la foule ne veut pas en convenir.

L'arbre a ses ennemis irréconciliables, le spéculateur, l'industriel, le berger surtout, ce contemplateur des étoiles qui ne sait rien de la Terre et n'en veut rien savoir : un hectare de pâture lui agrée mieux que toute une forêt.

On n'a pas pu lui faire comprendre encore que, tant vaut la selve, pourvoyeuse d'eau et de fraîcheur, tant vaut la pâture pour la hombance du mouton et, puisque le pauvre bêlant se destine au couteau, pour la bonté de sa chair et la beauté de sa laine.

C'est par suite de la stupidité des pasteurs qu'au plus beau de nos Pyrénées argentées, l'empiétement du pacage sur la selve a fait

certains cantons jadis luxuriants, on ne se chauffe plus qu'à la bouse de vache séchée sur les toits par le soleil estival.

L'imminence du reboisement étant admise, il faut délimiter avec précision, géologues, géographes et forestiers entendus, la future

ROUTE DES BOSSONS, PRÈS CHAMONIX (Haute-Savoie).

Des rocs, des amas de pierres accidentent cette solitude. Qu'on sache bien que si les sapinières cessaient d'affermir le pays, ces beaux lieux ne seraient plus qu'une horrible pierraille, à la suite de l'écroulement des monts et de la fureur des torrents.

disparaître en cinquante ans la moitié des ovins, le vingtième des bovins, le quart des humains. Dans nos Alpes, sur de déplorables montagnes, les bergers Mélibée, Alphésibée, Tityre, Tircis, Daphnis et leurs compagnons les paysans ne cessent d'extirper la forêt : dans

forêt ; non pas seulement en France, mais dans le monde entier. Les climats dépendent de la présence, de l'éloignement ou de l'absence des bois ; le salut des selves de la Russie ou des États-Unis importe aux Français et celui des halliers de France n'est pas indifférent aux

Yankees et aux Russes : la forêt sera mondiale ou elle ne sera pas.

Fallût-il étendre la selve sur le quart, sur le tiers du Globe, qu'on s'y résigne joyeusement, sans invoquer les droits « supérieurs » de la culture et du pastoral. Il n'importe aucunement que la future nation terrestre compte vingt-cinq milliards d'hommes ou dix, quinze milliards seulement. Transformer toute la Planète en sillons et gazons n'est pas plus sage que de prétendre « en fameux ports de mer changer toutes nos côtes ». Mieux vaut un village heureux au bord d'une rivière limpide, à la saine senteur du vent des bois, que dix bourgs brûlés de soleil sur une grève sans eau courante. D'ailleurs, moins il y aura de selve, moins il y aura d'eau; et moins il y aura d'eau, moins il y aura de villes. Ce qu'il sied de souhaiter à nos arrière-neveux, ce qu'il est de notre devoir de leur préparer, c'est un monde harmonieux au lieu d'un Globe désordonné.

La tâche des défenseurs de l'eau, qui sont en même temps les paladins de la beauté, les vrais serviteurs de l'utile, consiste à protéger la selve existante, à doubler, à décupler son étendue suivant les nécessités du relief. Que les bois conquièrent tout ce qu'ils doivent conquérir, et l'eau sera sauvée, sinon, non!

En même temps que l'eau sera sauvée se sauvera la Terre elle-même. Entendant par ce mot que, menacée de toutes parts et devant finir, nous ne savons comment, par le froid, par le chaud, par une catastrophe, mais devant finir certainement, un retour à l'état normal des forêts la préservera des effets trop prompts du ruissellement. Remise à neuf, pouvons-nous dire, elle durera plus longtemps, elle sera plus belle.

4. MORTS FAUTE D'EAU, PAR FAUTE D'ARBRES. — Nous avons sous les yeux, dans les squelettes de maintes montagnes, l'image de ce que la Terre deviendra si l'homme imbécile et fou continue ses œuvres de mort. Des contrées dont l'histoire nous conte l'antique prospérité sont mortes de la perte de leurs eaux, car la fin de leurs fontaines a suivi la fin de leurs selves. Sans doute, plusieurs régions, dont quelques-unes très vastes, ont dû leur décadence à des lois encore ignorées sur le changement insensible des climats qui, de pluvieux, se sont faits anhydres, et de la culture intensive, sont passées, qui au steppe, qui même au désert où ne vivent que les oasiens de l'oasis; mais nombre d'autres ont presque cessé de vivre par le seul fait de la proscription des bois : dès que l'homme attente à la selve, la nature se trouble, le climat s'affole, l'eau s'en va, l'homme disparaît.

Ne sortons pas de France. Contemplons avec terreur nos Alpes où des villages viennent de « sombrer » sous nos yeux. Dans le Dévoluy, qu'heureusement on reboise, Chaudun n'existe plus ; réduits à moins de 100 Chaudunois sur plus de 2.000 hectares, dans le cirque désolé d'où le Petit Buech s'élance vers le Grand Buech et la Durance de Sisteron, ils ont vendu le sol paternel à l'État, qui le restaure et répare par cela même l'indigence de son torrent ; ses Hauts-Alpins sont devenus des Oranais. Non loin de là, sur les marbres stériles de la montagne de Ceüze, Châtillon-le-Désert, qui n'avait même plus 75 habitants sur 1.500 hectares, a vendu son domaine aux reboiseurs officiels. Chez les Bas-Alpins les tristes tenanciers de Moriand, las de leurs pierres, et les rares habitants de Bédéjun sont maintenant des Constantinois de la frontière de Tunisie. Peut-on respirer à l'aise sur la roche embrasée, vivre sa vie quand on n'a plus autour de soi que la fauve nudité dans un cirque sans fontaine ?

En Languedoc, parmi les rocs chauves, les longs horizons silencieux, les ravins muets, les noirs avens et les lapiaz, des ruines de maisons fortes, de hameaux, de villages ajoutent les regrets d'un passé meilleur à l'indicible mélancolie des Grands Causses. Là, comme en Dévoluy, c'est aux lieux de la plus cruelle déforestation qu'on rencontre la plus sinistre diminution des eaux ; soit que l'onde ait cessé de courir dans les rainures de la pierre, soit qu'elle

s'y soit de plus en plus enfoncée dans les blocs fissurés du calcaire. Et, toujours, comme ultime châtiment du départ des bois, suivi du départ des sources, le départ du Caussenard désespéré. En pleine France, les Grands Causses ne sont

Il n'en est donc pas où l'on n'ait le devoir de réinstaller l'homme en y ramenant l'eau par le renouveau de l'ancestrale forêt dont nous avons appris qu'elle n'est pas à redouter, mais à bénir.

(Cliché de la Société de Géographie de Paris.)

CAGNON DE CHELLE, EN ARIZONA (États-Unis d'Amérique).

Les cagnons ne diffèrent qu'en longueur, largeur et profondeur; par ailleurs ils se ressemblent tous : nature sauvage où l'eau seule vit, si toutefois le temps n'y a pas tari la rivière ; pas de champs, pas d'arbres ; des roches droites, du « néant ».

guère plus peuplés que les déserts de l'Arabie Pétrée.

On ne citerait probablement pas un de nos plateaux, quelle que soit sa nature intime, qui n'ait été condamné à voir la vie s'enfuir faute d'eau, après que l'eau s'est enfuie faute d'arbres.

5. LA FÊTE DE L'ARBRE ET LA FÊTE DE L'EAU. — Le Touring-Club, à l'initiative constamment en éveil, institue des fêtes de l'Arbre, instituera-t-il des fêtes de l'Eau? Peut-être, mais sans la sanction de la fête de l'Arbre. Il est partout possible de confier au sol une bouture, un grain,

mais bien des villages n'ont pas le bonheur d'une source, le joyeux avantage d'une rivière, et il ne convient pas de célébrer l'onde dans les froides obscurités d'un puits, pas plus qu'à l'étalage des « Grandes Eaux » de Versailles, de Saint-Cloud, du Trianon : l'eau vraie n'est pas celle qui monte brusquement en l'air, mais celle qui descend, celle qui coule.

D'ailleurs, qu'est-ce qu'une fête, lorsqu'elle ne prétend que commémorer, et rien de plus? Une cérémonie à heure fixe, bientôt banale, vide de sens au bout de quelques années, sans autre attrait que les lampions, les lanternes vénitiennes, la retraite aux flambeaux, le feu d'artifice, le brouhaha, la foule, la poussière, les confettis, les jeux puérils ou virils, du mât de cocagne aux chevauchées de l'hippodrome. Qui pense à la France du xve siècle, ou même à celle du xxe, le jour de la fête de Jeanne d'Arc ; ou, le 14 juillet de chaque année, à la Révolution de 1789?

L'Eau doit se célébrer intimement, chez chacun de nous, au lieu qui nous convient, à l'heure qui nous parle.

Au vrai, la fête de l'Arbre est celle de l'Eau ; l'une et l'autre, auraient dit les anciens, sont soumises à la même étoile. Pourtant rien n'empêche d'aller vénérer l'élément de la vie aux lieux où il se laisse admirer, à la grande fontaine, à la délicieuse riviérette, à la cascade, à la cascatelle.

Il y a cinq grandes choses au monde : le Ciel, la Mer, le Mont, la Forêt, l'Eau vive. Par quelle abomination du sort, tous les hommes ne les connaissent-ils pas toutes les cinq? Peu d'entre nous sont montés à quatre mille mètres en ballon ; beaucoup n'ont même pas contemplé Paris et sa banlieue des trois cents mètres de la Tour de fer et d'acier ; beaucoup aussi n'ont jamais vu, ne verront jamais les tumultes de la mer, ni la paix ineffable de la haute montagne, l'une et l'autre souvent très éloignées. Mais la contemplation de la forêt et celle de l'ève sont partout faciles en France. L'homme du Centre, le Berrichon, le Bourbonnais et l'Auvergnat, quel que soit leur hameau reculé, vivent toujours près d'un torrent, d'une rivière, d'une fontaine. Quant au ciel, si presque personne n'est monté par-dessus le vol de ses nues, tout le monde le voit tous les jours, de l'aube au crépuscule et dans la sérénité des nuits étoilées.

6. LA GRANDE HARMONIE. — En attendant que chaque fils de la Planète ait le pouvoir — peut-être un jour sera-ce le devoir — de connaître toutes les grandes formes de la nature, il importe d'appeler tous les enfants, qui plus tard seront tous les hommes, à la connaissance de la « grande harmonie », telle qu'elle nous apparaît dans sa splendeur.

Elle consiste, cette harmonie, on ne le redira jamais assez, dans l'aide que se prêtent des éléments qui semblaient n'avoir entre eux aucun lien d'amitié, que même on croyait des ennemis mortels.

Deux de ces amis imprévus, dont nos grands-pères ignoraient l'alliance, la forêt et l'eau, ne peuvent se séparer. Sans humidité, sans pluies, rosées et vapeurs, l'arbre ne peut vivre : on le savait. Sans arbres l'eau terrestre vit, mais d'une vie passagère, désordonnée, torrentielle, toujours menacée de mort : on ne le savait pas.

Ce n'est plus assez d'admirer l'onde en passant, de rêver à sa fraîcheur, d'invoquer sa pureté, de célébrer ses divonnes, de dire quelle beauté vivante elle donne aux choses mortes, et comment elle « humanise » les roches titaniques, les ravines, les casse-cou, la stérilité des bouts-du-monde, la monotonie des cavernes. Que seraient les gorges du Tarn, du Verdon, de l'Ardèche et tant d'autres sans la lumière des ondes, leur sommeil, le sourire de leur réveil et les magnifiques fontaines qui fuient des antres dont s'entretenait la légende : palais de la fée, repaire tortueux de la guivre, oratoire du saint ermite qui trouvait dans la roche sa crypte et dans le ru caverneux l'eau, symbole de sa purification.

Menacée dans son abondance, dans sa constance, même dans son existence par l'éradication des selves ; dans son indépendance par les prisons de l'industrie ; dans sa limpidité par la chimie des fabriques ; dans sa beauté par la coalition des industriels et des marchands, ce ne sera pas trop de tous ses défenseurs pour la sauver de tant d'embuscades.

La garantir ici dans l'intégrité de son volume, augmenter là sa puissance cubique, rendre par exemple à la Loire les centaines de mètres par seconde que lui a volés le déboisement du Massif Central et des autres contrées de sa pérégrination d'un bout de la France à l'autre : à cela rien ne s'oppose, rien même de plus facile.

Depuis que nous voyons tant diminuer l'ève et qu'elle commence à déserter le sol pour aller vivre dans les cryptes inconnues du soleil, nul ne protestera contre la reforestation intégrale, et la France reboisée sera de nouveau la France prodigue en fontaines.

Mais l'on ne sait encore qu'espérer ou que craindre pour la beauté des eaux. Comment sortiront-elles des mains des creuseurs de canaux navigables, qui préféreront toujours par devoir aux rivières libres, et même un peu folles de leur corps, les rivières assujetties à la règle ? Et des mains des agriculteurs qui prétendent faire de toutes nos plaines des jardins où pas une herbe ne manquera d'arrosage ? Et des monteurs d'usines, et des accapareurs de cascades, et de tous ceux qui ne rêvent que de turbines, roues, pistons, courroies de transmission, tintamarre infernal dans des salles ébranlées par la mécanique ? Ne faut-il pas, disent-ils, et tout le monde le dit avec eux, éclairer toutes les maisons de la Terre et fournir à tous les hommes le fil électrique de leur industrie ?

Cruelle énigme qui ne se résoudra pas sans quelques pertes de beauté. L'eau n'en restera pas moins le « tout de l'homme ».

Air vierge, air de cristal, eau, principe du monde! (1)

Avec la forêt, sa compagne, elle réglera toujours nos destinées.

Le poète oriental, né dans la Palestine rocailleuse, terre altérée, a surtout chanté l'eau, dans son *Cantique des Cantiques* :

(1) Théophile Gautier.

« O fontaines des Jardins, ô puits d'eau vive, ô ruisseaux qui découlez du Liban ! »

Le poète latin, d'ailleurs d'origine celtique, en cette Haute-Italie qui fut pour les Romains la Gaule Cisalpine et pour nous la Gaule Transalpine, Virgile les a passionnément invoquées toutes les deux :

« Que me plaisent à toujours les champs et les vallées arrosés par les eaux ! J'aime, inconnu de tous, les rivières et les forêts. O la vaste campagne et le fleuve Sperchius (1) et le mont Taygète (2) où dansent les vierges de Laconie (3) ! O qui m'arrêtera jamais dans les vallées de l'Hœmus (4), à la grande ombre des rameaux des bois ! »

Le poète hébreu, dans son ardente patrie, entouré d'Arabies Pétrées, n'adorait dans l'eau que l'homme et le troupeau désaltérés, le jardin reverdi, le palmier mirant ses palmes et, sous l'ombre, à l' « œil » de la source, une revanche contre la lumière.

Loin des déserts farouches de l'Orient, au pied des Alpes ruisselantes, dans la plaine en tout temps féconde le poète italien y célébrait l' « Eridan, roi des fleuves », le Mincio (5), lent dans ses prairies, les légers flocons de la brume, la pâture, les bœufs et le canal d'irrigation stimulant la poussée des herbes.

Nous y voyons, nous aussi, tout cela ; et bien d'autres choses encore : les canaux, les bateaux, les chutes, les meules, les cylindres, les courroies agitées et bruyantes, l'électricité conquérant le monde, la fin des casernements usiniers, l'atelier familial, la paix sociale, si jamais elle règne sur une humanité meilleure, le monde transfiguré par l'abolition de la pesanteur, autant que la nouvelle science pourra l'abolir. Gloire à l'Eau !

Mais voici qu'au moment où nous la glorifions, l'ève commence à se dérober : ici, sous nos monts, sous nos plaines, elle va visiter les muets

(1) Petit fleuve côtier de la Thessalie.
(2) Mont qui domine la vallée de Sparte.
(3) Petit pays dont Lacédémone était la capitale.
(4) C'est aujourd'hui le Balkan.
(5) Rivière de Mantoue, ville natale de Virgile.

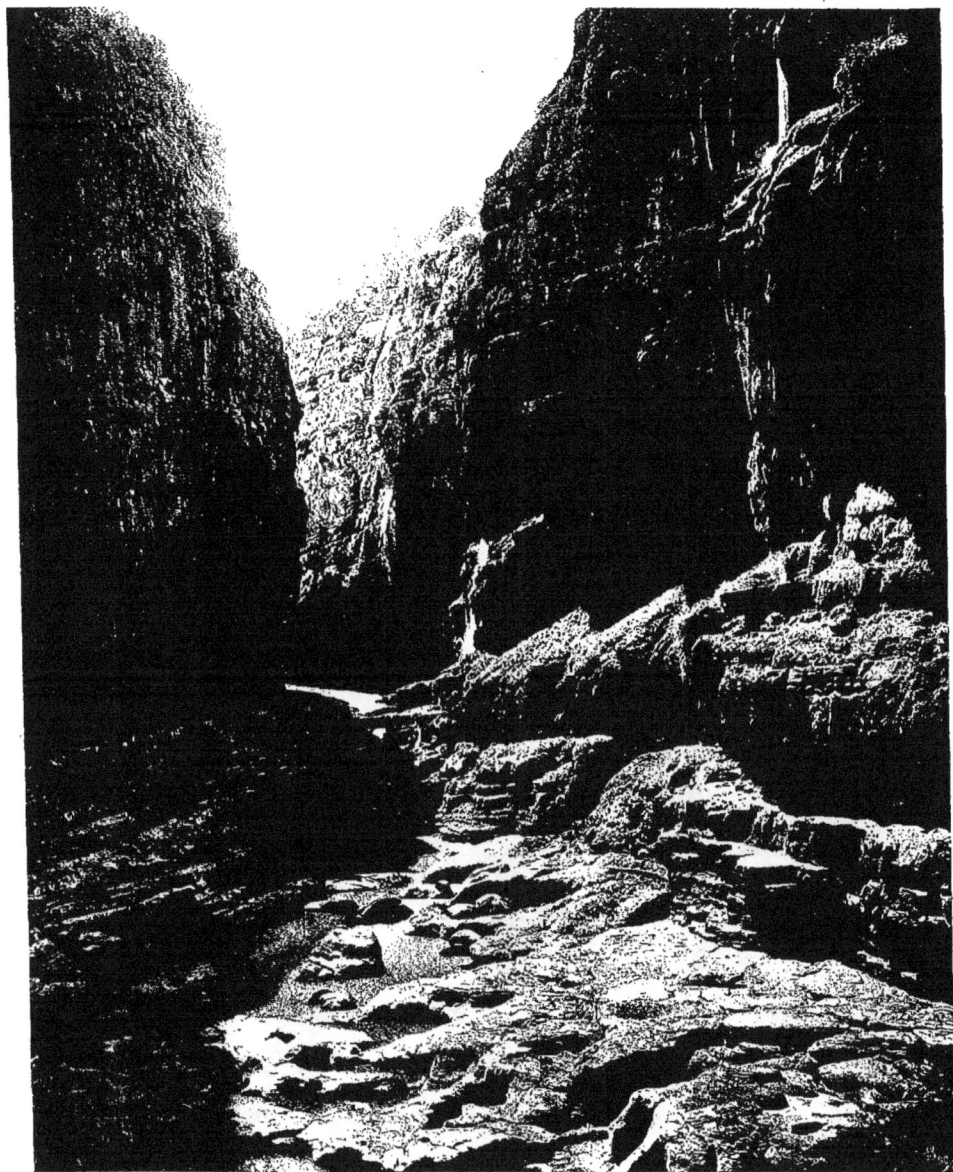

GORGES DU ROUMEL, A CONSTANTINE (Algérie)

C'est avec effarement qu'on parcourt ce défilé prodigieux, le plus terrible sur lequel se penche une grande ville. La voûte qui couvrait jadis cette longue caverne ne s'est pas partout effondrée ; il en reste encore des « Ponts-d'Arc » A une hauteur colossale au-dessus du torrent, si mince en saison sèche qu'on se demande comment il a suffi à de pareils travaux ; le Roumel s'échappe de la gorge par une cascade qui est magnifique au temps des grandes eaux.

royaumes dont elle ne remontera plus ; là, son flot disparaît ou presque, des mois et des mois, pour reparaître traîtreusement, monstrueuse avalanche que la forêt retenait jadis, que de moins en moins elle arrête parce que de plus en plus nous avons consommé nos bois. L'arbre seul peut rendre à l'eau la force et la sagesse : il accroît les sources, augmente les rivières et les préserve des dangereux écarts. Gloire à l'arbre !

Empêchées demain de descendre aux abîmes ou même remontées des gouffres, et doublées de volume par les reconquêtes de la selve, les rivières vont être brutalisées; on leur demandera plus qu'elles ne pourront donner, l'eau sera la domestique, alors qu'elle est la mère et l'aïeule.

Il est, en toute France, des monuments auxquels on ne peut toucher : avenues de menhirs, dolmens, arcs de triomphe, châteaux-forts, cathédrales, humbles églises romanes ou ogivales dans les villages, les hameaux. En Amérique il y a des Parcs Nationaux interdits à la hache, à la scie, aux turbines, à toutes les entreprises de l'homme.

N'oserons-nous pas enlever aussi quelques sites élus, grandes sources, hautes cascades, gorges, cagnons, cingles harmonieux au domaine immensément agrandi de l'industrie du vingtième siècle?

Oubliera-t-on que la « source dans les bois » rappelle tout le passé de notre race? Faudra-t-il que « l'homme dans l'usine » en résume tout l'avenir?

Sur une terre où l'on n'offensera plus la beauté, puisse l'humanité future entonner un jour le double hosanna : « Gloire à l'Arbre, Gloire à l'Eau ! »

LUCHON. — LA PIQUE.

La Pique, le fameux Lys, son affluent, ont encore des forêts dans leurs Pyrénées, et aussi des pelouses. Il en résulte que leurs eaux sont d'une pureté merveilleuse, sauf quand les orages tombent sur leurs versants découverts et dans les ravines nues, plaies ouvertes au flanc des montagnes.

TABLE DES MATIÈRES

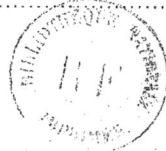

Paris. — Imprimerie L. POCHY, 52, rue du Château. — Paris

Téléphone : 728-80

L'EAU CAPTIVE.

Enclose aux vasques et aux bassins, l'eau se venge de sa captivité en dotant de sa fraîcheur les œuvres d'art qu'elle réflète.

www.ingramcontent.com/pod-product-compliance
Lightning Source LLC
Chambersburg PA
CBHW071457200326
41519CB00019B/5769